高等职业教育土木建筑类专业新形态教材

山东省教育科学"十三五"规划2016—2017年度专项课题成果
（课题批准号：BCD2017022）

建设工程造价概论

主　编　郭红侠　赵春红

副主编　王　君　张　帅

北京理工大学出版社
BEIJING INSTITUTE OF TECHNOLOGY PRESS

内 容 提 要

本书结合工程造价人员培养目标及专业教学改革的需要，全面系统介绍了工程造价的相关概念，重点介绍了定额计价及工程量清单计价两种计价模式下工程造价文件的相关内容及编制方法。全书共分为八个项目，主要内容包括建设工程造价认知、建筑安装工程费用构成、建筑安装工程计价方法、工程定额计价依据、工程量清单计价依据、工程量清单编制、招标控制价及投标报价编制、建筑面积计算等。

本书可作为高职高专院校土建类、工程造价管理类相关专业的教材，也可作为电大及工程造价员岗位培训的教材，还可供相关专业工程技术人员和造价管理人员参考。

版权专有　侵权必究

图书在版编目（CIP）数据

建设工程造价概论 / 郭红侠，赵春红主编. —北京：北京理工大学出版社，2022.8重印
ISBN 978-7-5682-6357-3

Ⅰ.①建… Ⅱ.①郭… ②赵… Ⅲ.①建筑造价管理－高等学校－教材 Ⅳ.①TU723.31

中国版本图书馆CIP数据核字（2018）第216149号

出版发行 /	北京理工大学出版社有限责任公司
社　　址 /	北京市海淀区中关村南大街5号
邮　　编 /	100081
电　　话 /	（010）68914775（总编室）
	（010）82562903（教材售后服务热线）
	（010）68944723（其他图书服务热线）
网　　址 /	http://www.bitpress.com.cn
经　　销 /	全国各地新华书店
印　　刷 /	北京紫瑞利印刷有限公司
开　　本 /	787毫米×1092毫米　1/16
印　　张 /	11
字　　数 /	264千字
版　　次 /	2022年8月第1版第3次印刷
定　　价 /	39.00元

责任编辑 / 李玉昌
文案编辑 / 李玉昌
责任校对 / 周瑞红
责任印制 / 边心超

图书出现印装质量问题，请拨打售后服务热线，本社负责调换

FOREWORD 前言

根据高职高专院校工程造价专业的人才培养目标及"工程造价构成与计价方法"课程教学大纲的要求，为更好地在教学中推行工学结合，突出实践能力的培养，我们编写了《建设工程造价概论》一书。

本书的编写主要具有以下特点：一是注重实用性，全书编写结合实际工作需要，并易于教学；二是反应工程造价最新成果，根据《建设工程工程量清单计价规范》（GB 50500—2013）及2017年版山东省概预算定额及最新规则等进行编写。

目前工程造价计价模式有"工程量清单计价"和传统的"定额计价"两种，它们既有联系又有区别，但是随着工程量清单计价规范的广泛应用，本书针对两种不同模式的计价方法，结合工程造价编制实际，重点对工程量清单计价进行了详细阐述，重点讲述工程量清单计价规范的应用。全书的编写理论联系实际，思路清晰，重点突出，层次分明，在内容编排上充分体现了定额计价和工程量清单计价两种计价模式的既有区别，又与工程造价编制实际进行了有机衔接。

本书由长期从事建筑工程计量与计价课程教学工作的教师和具有丰富工程造价编制实践经验的人员共同编写。本书由山东城市建设职业学院郭红侠、赵春红担任主编，由山东城市建设职业学院王君、张帅担任副主编。具体编写分工为：王君编写项目一和项目二；郭红侠编写项目三、项目四和项目七，并负责全书统稿并定稿；张帅编写项目六；赵春红编写项目五和项目八，并负责全书的编写统筹工作。

本书编写过程中参阅了大量工程造价编制与管理方面的文献和资料，在此对这些文献的作者及资料的提供者表示深深的谢意！

由于编者水平有限，书中难免存在错误和不足之处，恳请有关专家及广大读者批评指正。

编 者

目录 CONTENTS

项目一　建设工程造价认知……………1
第一节　建设项目及建设程序……………1
一、建设项目概念……………1
二、建设工程项目的组成与分类……………1
三、建设项目的建设程序……………4
第二节　工程造价及工程造价文件……………5
一、工程造价含义……………5
二、工程造价特点……………5
三、我国建设项目总投资及工程造价的构成……………6
四、工程造价文件及分类……………7

项目二　建筑安装工程费用构成……………10
第一节　建筑安装工程费用的内容及构成……………10
一、建筑安装工程费用的内容……………10
二、我国现行建筑安装工程费用项目构成……………10
三、山东省现行建筑安装工程费用项目构成……………11
第二节　建筑安装工程费用项目组成……………11
一、按费用构成要素分……………11
二、按造价形成分……………15
第三节　国外建筑安装工程费用的构成……………18

项目三　建筑安装工程计价方法……………21
第一节　工程定额计价基本方法……………21
一、定额计价模式……………21
二、定额计价模式的方法和程序……………22

第二节　工程量清单计价基本方法……………29
一、工程量清单计价模式……………29
二、工程量清单计价模式的方法和程序……………29
第三节　定额计价与工程量清单计价基本方法的联系与区别……………33
一、定额计价与清单计价的联系……………33
二、定额计价与清单计价的区别……………33

项目四　工程定额计价依据……………35
第一节　定额概述……………35
一、定额概念……………35
二、定额水平……………35
三、定额的特性……………36
四、建筑工程定额的分类……………36
第二节　施工定额……………38
一、施工定额概述……………38
二、劳动定额……………40
三、材料消耗定额……………42
四、施工机械台班定额……………43
第三节　消耗量定额……………45
一、消耗量定额概述……………45
二、消耗量定额消耗量的确定……………47
三、消耗量定额的组成……………49
四、消耗量定额的应用……………51

项目五　工程量清单计价依据……………54
第一节　工程量清单计价规范……………54
一、《建设工程工程量清单计价规范》概况……………54

CONTENTS

　　二、《计价规范》的主要内容 …………… 54
第二节　工程量计算规范 …………………… 58
　　一、《房屋建筑与装饰工程工程量计算
　　　　规范》概况 ………………………… 58
　　二、《工程量计算规范》的主要术语 …… 59
　　三、土石方工程工程量清单项目设置 …… 59
　　四、地基处理与边坡支护工程 …………… 62
　　五、桩基工程 ……………………………… 67
　　六、砌筑工程 ……………………………… 70
　　七、混凝土及钢筋混凝土工程 …………… 76
　　八、门窗工程 ……………………………… 83
　　九、屋面及防水工程 ……………………… 88
　　十、保温、隔热、防腐工程 ……………… 92
　　十一、楼地面装饰工程 …………………… 96
　　十二、墙、柱面装饰与隔断、幕墙
　　　　　工程 ……………………………… 102
　　十三、天棚工程 ………………………… 107
　　十四、措施项目清单项目设置 ………… 108
第三节　企业定额 …………………………… 113

项目六　工程量清单编制 ………………… 116
第一节　工程量清单概述 …………………… 116
第二节　工程量清单编制 …………………… 126
　　一、分部分项工程量清单的编制 ……… 126
　　二、措施项目清单编制 ………………… 129
　　三、其他项目清单编制 ………………… 130

　　四、规费、税金项目清单编制 ………… 132

项目七　招标控制价与投标报价
　　　　　编制 ……………………………… 134
第一节　招标控制价编制 …………………… 134
　　一、招标控制价的概念 ………………… 134
　　二、招标控制价的编制依据 …………… 134
　　三、招标控制价的编制 ………………… 134
　　四、招标控制价的编制表格 …………… 135
第二节　投标报价编制 ……………………… 139
　　一、投标报价的概念 …………………… 139
　　二、投标报价的编制依据 ……………… 140
　　三、投标报价的编制 …………………… 140
　　四、投标报价的编制表格 ……………… 141
第三节　综合单价的计算 …………………… 142
　　一、综合单价的概念 …………………… 142
　　二、综合单价的计算 …………………… 142

项目八　建筑面积计算 …………………… 148
第一节　建筑面积概述 ……………………… 148
　　一、建筑面积的概念 …………………… 148
　　二、建筑面积的作用 …………………… 148
　　三、建筑面积的计算 …………………… 149
第二节　建筑面积计算案例 ………………… 165

参考文献 …………………………………… 170

项目一　建设工程造价认知

第一节　建设项目及建设程序

一、建设项目概念

建设项目的组成及分类建设项目，一般是指具有计划任务书，按照一个总体设计进行施工的各个工程项目的总和。建设项目可由一个工程项目或几个工程项目组成。建设项目在经济上实行独立核算，在行政上实行独立管理。在我国，建设项目的实施单位一般称为建设单位，实行建设项目法人责任制。如一座工厂、一所学校、一所医院等均为一个建设项目。

建设工程造价认知

二、建设工程项目的组成与分类

1. 建设工程项目的组成

建设工程项目可分为单项工程、单位（子单位）工程、分部（子分部）工程和分项工程，如图 1-1 所示。

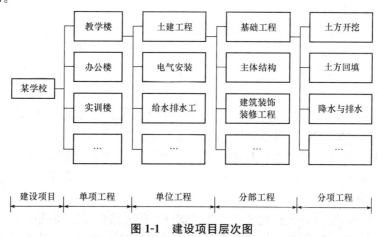

图 1-1　建设项目层次图

（1）单项工程。单项工程是指具有独立的设计文件，竣工后可以独立发挥生产能力、投资效益的一组配套齐全的工程项目。单项工程是建设工程项目的组成部分，一个工程项目有时可以仅包括一个单项工程，也可以包括多个单项工程。生产性工程项目的单项工程，一般是指能独立生产的车间，包括厂房建筑、设备安装等工程。

(2)单位(子单位)工程。单位工程是指具有独立施工条件并能形成独立使用功能的工程。对于建筑规模较大的单位工程,可将其能形成独立使用功能的部分作为一个子单位工程。根据《建筑工程施工质量验收统一标准》(GB 50300—2013),具有独立施工条件和能形成独立使用功能是单位(子单位)工程划分的基本要求。

单位工程是单项工程的组成部分,也可能是整个工程项目的组成部分。按照单项工程的构成,又可将其分解为建筑工程和设备安装工程。如工业厂房工程中的土建工程、设备安装工程、工业管道工程等分别是单项工程中所包含的不同性质的单位工程。

(3)分部(子分部)工程。分部工程是指将单位工程按专业性质、建筑部位等划分的工程。根据《建筑工程施工质量验收统一标准》(GB 50300—2013),建筑工程包括:地基与基础、主体结构、建筑装饰装修、屋面、建筑给水排水及采暖、建筑电气、智能建筑、通风与空调、电梯、建筑节能等分部工程。

当分部工程较大或较复杂时,可按材料种类、工艺特点、施工程序、专业系统及类别等将分部工程划分为若干子分部工程。例如,地基与基础分部工程又可细分为土方、基坑、地基、桩基础、地下防水等子分部工程;主体结构分部工程又可细分为混凝土结构、型钢、钢管混凝土结构、砌体结构、钢结构、轻钢结构、索膜结构、木结构、铝合金结构等子分部工程;建筑装饰装修分部工程又可细分为地面、抹灰、门窗、吊顶、轻质隔墙、饰面板(砖)、幕墙、涂饰、裱糊与软包、外墙防水、细部等子分部工程;智能建筑分部工程又可细分为通信网络系统、计算机网络系统、建筑设备监控系统、火灾报警及消防联动系统、会议系统与信息导航系统、专业应用系统、安全防范系统、综合布线系统、智能化集成系统、电源与接地、计算机机房工程、住宅(小区)智能化系统等子分部工程。

(4)分项工程。分项工程是指将分部工程按主要工种、材料、施工工艺、设备类别等划分的工程。例如,土方开挖、土方回填、钢筋、模板、混凝土、砖砌体、木门窗制作与安装、玻璃幕墙等工程。

2. 建设工程项目的分类

为了适应科学管理的需要,可以从不同角度对建设工程项目进行分类。

(1)按建设性质划分。建设工程项目可分为新建项目、扩建项目、改建项目、迁建项目和恢复项目。一个工程项目只能有一种性质,在工程项目按总体设计全部建成之前,其建设性质始终不变。

1)新建项目。新建项目是指根据国民经济和社会发展的近远期规划,按照规定的程序立项,从无到有、"平地起家"进行建设的工程项目。

2)扩建项目。扩建项目是指现有企业为扩大产品的生产能力或增加经济效益而增建的生产车间、独立的生产线或分厂;事业和行政单位在原有业务系统的基础上扩大规模而新增的固定资产投资项目。

3)改建项目。改建项目包括挖潜、节能、安全、环境保护等工程项目。

4)迁建项目。迁建项目是指原有企事业单位根据自身生产经营和事业发展的要求,按照国家调整生产力布局的经济发展战略需要或出于环境保护等其他特殊要求,搬迁到异地而建设的工程项目。

5)恢复项目。恢复项目是指原有企事业和行政单位,因自然灾害或战争使原有固定资产遭受全部或部分报废,需要投资重建来恢复生产能力和业务工作条件、生活福利设施等的工程项目。这类工程项目，无论是按原有规模恢复建设，还是在恢复过程中同时进行扩建，都属于恢复项目。但对尚未建成投产或交付使用的工程项目受到破坏后，若仍按原设计重建的，原建设性质不变；如果按新设计重建，则根据新设计内容来确定其性质。

(2)按投资作用划分。建设工程项目可分为生产性项目和非生产性项目。

1)生产性项目。生产性项目是指直接用于物质资料生产或直接为物质资料生产服务的工程项目。主要包括以下几项：

①工业建设项目。包括工业、国防和能源建设项目。

②农业建设项目。包括农、林、牧、渔、水利建设项目。

③基础设施建设项目。包括交通、邮电、通信建设项目；地质普查、勘探建设项目等。

④商业建设项目。包括商业、饮食、仓储、综合技术服务事业的建设项目。

2)非生产性项目。非生产性项目是指用于满足人民物质和文化、福利需要的建设和非物质资料生产部门的建设项目。主要包括以下几项：

①办公用房。国家各级党政机关、社会团体、企业管理机关的办公用房。

②居住建筑。住宅、公寓、别墅等。

③公共建筑。科学、教育、文化艺术、广播电视、卫生、博览、体育、社会福利事业、公共事业、咨询服务、宗教、金融、保险等建设项目。

④其他工程项目。不属于上述各类的其他非生产性项目。

(3)按项目规模划分。为适应分级管理的需要，基本建设项目分为大型、中型、小型三类；更新改造项目分为限额以上和限额以下两类。不同等级标准的工程项目，报建和审批机构及程序不尽相同。划分工程项目等级的原则如下：

1)按批准的可行性研究报告(初步设计)所确定的总设计能力或投资总额的大小进行划分。

2)凡生产单一产品的项目，一般以产品的设计生产能力划分；生产多种产品的项目，一般按其主要产品的设计生产能力划分；产品分类较多，不易分清主次、难以按产品的设计能力划分时，可按投资总额划分。

3)对国民经济和社会发展具有特殊意义的某些项目，虽然设计能力或全部投资不够大、中型项目标准，经国家批准已列入大、中型计划或国家重点建设工程的项目，也按大、中型项目进行管理。

4)更新改造项目一般只按投资额分为限额以上和限额以下项目，不再按生产能力或其他标准划分。

5)基本建设项目的大、中、小型和更新改造项目限额的具体划分标准，根据各个时期经济发展和实际工作中的需要而有所变化。

(4)按投资效益和市场需求划分。建设工程项目可划分为竞争性项目、基础性项目和公益性项目。

1)竞争性项目。竞争性项目是指投资回报率比较高、竞争性比较强的工程项目，如商务办公楼、酒店、度假村、高档公寓等工程项目。其投资主体一般为企业，由企业自主决策、自担投资风险。

2)基础性项目。基础性项目是指具有自然垄断性、建设周期长、投资额大而收益低的基础设施和需要政府重点扶持的一部分基础工业项目，以及直接增强国力的符合经济规模的支柱产业项目，如交通、能源、水利、城市公用设施等。政府应集中必要的财力、物力通过经济实体投资建设这些工程项目,同时,还应广泛吸收企业参与投资,有时还可吸收外商直接投资。

3)公益性项目。公益性项目是指为社会发展服务、难以产生直接经济回报的工程项目。公益性项目包括科技、文教、卫生、体育和环保等设施,公、检、法等政权机关以及政府机关、社会团体办公设施,国防建设等。公益性项目的投资主要由政府用财政资金安排。

(5)按投资来源划分。建设工程项目可划分为政府投资项目和非政府投资项目。

1)政府投资项目。政府投资项目在国外也称为公共工程,是指为了适应和推动国民经济或区域经济的发展,满足社会的文化、生活需要,以及出于政治、国防等因素的考虑,由政府通过财政投资、发行国债或地方财政债券、利用外国政府赠款以及国家财政担保的国内外金融组织的贷款等方式独资或合资兴建的工程项目。

按照其盈利性不同,政府投资项目又可分为经营性政府投资项目和非经营性政府投资项目。经营性政府投资项目是指具有盈利性质的政府投资项目,政府投资的水利、电力、铁路等项目基本都属于经营性项目。经营性政府投资项目应实行项目法人责任制,由项目法人对项目的策划、资金筹措、建设实施、生产经营、债务偿还和资产的保值增值实行全过程负责,使项目的建设与建成后的运营实现一条龙管理。

非经营性政府投资项目一般是指非盈利性的、主要追求社会效益最大化的公益性项目。学校、医院以及各行政、司法机关的办公楼等项目都属于非经营性政府投资项目。非经营性政府投资项目可实施"代建制",即通过招标等方式,选择专业化的项目管理单位负责建设实施,严格控制项目投资、质量和工期,待工程竣工验收后再移交给使用单位,从而使项目的"投资、建设、监管、使用"实现四分离。

2)非政府投资项目。非政府投资项目是指企业、集体单位、外商和私人投资兴建的工程项目。这类项目一般均实行项目法人责任制,使项目的建设与建成后的运营实现一条龙管理。

三、建设项目的建设程序

1. 建设程序的含义

建设程序是指工程项目从策划、评估、决策、设计、施工到竣工验收、投入生产或交付使用的整个建设过程中,各项工作必须遵循的先后工作次序。工程项目建设程序是工程建设过程客观规律的反映,是工程项目科学决策和顺利实施的重要保证。

2. 建设程序的阶段

按照我国现行规定,政府投资项目的建设程序可以分为以下阶段:

(1)根据国民经济和社会发展长远规划、结合行业和地区发展规划的要求,提出项目建议书。

(2)在勘察、试验、调查研究及详细技术经济论证的基础上编制可行性研究报告。

(3)根据咨询评估情况,对工程项目进行决策。

(4)根据可行性研究报告,编制设计文件。

(5)初步设计经批准后,进行施工图设计,并做好施工前各项准备工作。

(6)组织施工,并根据施工进度做好生产或动用前的准备工作。

(7)按批准的设计内容完成施工安装,经验收合格后正式投产或交付使用。

(8)生产运营一段时间(一般为1年)后,可根据需要进行项目后评价。

第二节　工程造价及工程造价文件

一、工程造价含义

工程造价通常是指工程建设预计或实际支出的费用。由于所处的角度不同，工程造价有不同的含义。

1. 工程造价的第一种含义——从投资者（业主）的角度分析

工程造价是指建设一项工程预期开支或实际开支的全部固定资产投资费用。

投资者为了获得投资项目的预期效益，需要对项目进行策划决策及建设实施，直至竣工验收等一系列投资管理活动。在上述活动中所花费的全部费用，就构成了工程造价。从这个意义上讲，建设工程造价就是建设工程项目固定资产总投资。

2. 工程造价的第二种含义——从市场交易的角度分析

工程造价是指为建成一项工程，预计或实际在工程承发包交易活动中所形成的建筑安装工程费用或建设工程总费用。

工程造价的这种含义是指以建设工程这种特定的商品形式作为交易对象，通过招标投标或其他交易方式，在进行多次预估的基础上，最终由市场形成的价格。这里的工程既可以是涵盖范围很大的一个建设工程项目，也可以是其中的一个单项工程或单位工程，甚至可以是整个建设工程中的某个阶段，如建筑安装工程、装饰装修工程，或者其中的某个组成部分。

工程承发包价格是工程造价中一种重要的、也是较为典型的价格交易形式，是在建筑市场通过招标投标，由需求主体（投资者）和供给主体（承包商）共同认可的价格。

工程造价的两种含义实质上就是从不同角度把握同一事物的本质。对市场经济条件下的投资者来说，工程造价就是项目投资，是"购买"工程项目要付出的价格；同时，工程造价也是投资者作为市场供给主体"出售"工程项目时确定价格和衡量投资经济效益的尺度。

二、工程造价特点

1. 大额性

建设工程项目体积庞大，而且消耗资源巨大，因此，一个项目少则几百万元，多则数亿乃至数百亿元。工程造价的大额性，一方面事关重大经济利益；另一方面也使工程承受了重大的经济风险，同时，也会对宏观经济的运行产生重大的影响。因此，应当高度重视工程造价的大额性特点。

2. 个别性和差异性

任何一项工程项目都有特定的用途、功能、规模，这导致了每一项工程项目的结构、造型、内外装饰等都会有不同的要求，直接表现为工程造价上的差异性。即使是相同的用途、功能、规模的工程项目，由于处在不同的地理位置或不同的建造时间，其工程造价都会有较大差异,工程项目的这种特殊的商品具有单件性的特点,即不存在完全相同的两个工程项目。

3. 动态性

工程项目从决策到竣工验收直到交付使用,都有一个较长的建设周期,而且由于来自社会和自然的众多不可控因素的影响,必然会导致工程造价的变动。如物价变化、不利的自然条件、人为因素等均会影响到工程造价。因此,工程造价在整个建设期内都处在不确定的状态之中,直到竣工结算才能最终确定工程的实际造价。

4. 层次性

工程造价的层次性取决于工程的层次性。工程造价可以分为建设工程项目总造价、单项工程造价和单位工程造价。单位工程造价还可以细分为分部工程造价和分项工程造价。

5. 兼容性

工程造价的兼容性特点是由其内涵的丰富性所决定的。工程造价既可以指建设工程项目的固定资产投资,也可以指建筑安装工程造价;既可以指招标的招标控制价,也可以指投标报价。同时,工程造价的构成因素非常广泛、复杂,包括成本因素、建设用地支出费用、项目可行性研究和设计费用等。

三、我国建设项目总投资及工程造价的构成

1. 建设项目总投资的构成

建设项目总投资是为完成工程项目建设并达到使用要求或生产条件,在建设期内预计或实际投入的全部费用总和。具体可分为生产性建设项目总投资和非生产性建设项目总投资(图1-2)。

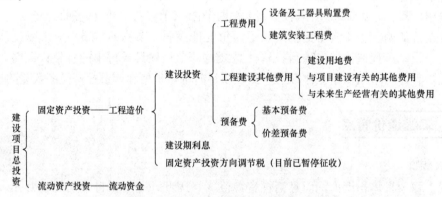

图1-2 我国现行建设项目总投资构成

生产性建设项目总投资包括建设投资、建设期利息和流动资金三部分;非生产性建设项目总投资包括建设投资和建设期利息两部分(生产性建设项目总投资=建设投资+建设期利息+流动资金;非生产性建设项目总投资=建设投资+建设期利息)。

2. 工程造价的构成

建设项目投资包含固定资产投资和流动资产投资两部分。固定资产投资与建设项目的

工程造价在量上相等建设投资和建设期利息之和对应于固定资产投资（建设投资＋建设期利息＝固定资产投资＝工程造价）。

工程造价基本构成包括用于购买工程项目所含各种设备的费用，用于建筑施工和安装施工所需支出的费用，用于委托工程勘察设计应支付的费用，用于购置土地所需的费用，也包括用于建设单位自身进行项目筹建和项目管理所花费的费用等。总之，工程造价是按照确定的建设内容、建设规模、建设标准、功能要求和使用要求等将工程项目全部建成，在建设期预计或实际支出的建设费用。

四、工程造价文件及分类

建设项目从决策到竣工交付使用，都有一个较长的建设期。在整个建设期内，构成工程造价的任何因素的变化都会影响工程造价的变动，不能一次确定可靠的价格，要到竣工结算才能最终确定工程造价。因此，需对工程项目建设程序的各个阶段进行计价，以保证工程造价确定和控制的科学性。

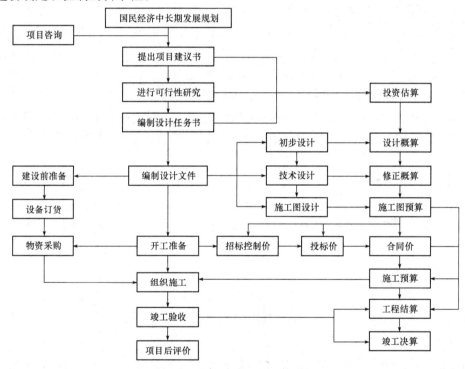

图 1-3　建设程序各阶段造价文件

1. 投资估算

投资估算是指在项目建议书和可行性研究阶段通过编制估算文件预先测算和确定的工程造价。投资估算是建设项目进行决策、筹集资金和合理控制造价的主要依据。

2. 设计概算

设计概算是指在初步设计阶段，根据设计意图，通过编制工程概算文件预先测算和确定的工程造价。与投资估算造价相比，概算造价的准确性有所提高，但受估算造价的控制。概算造价一般又可分为建设项目概算总造价、各个单项工程概算综合造价、各单位工程概算造价。

3. 修正概算

修正概算是指在技术设计阶段，根据技术设计的要求，通过编制修正概算文件，预先测算和确定的工程造价。修正概算是对初步设计阶段的概算造价的修正和调整，比概算造价准确，但受概算造价控制。

4. 施工图预算

施工图预算是指在施工图设计阶段，根据施工图纸，通过编制预算文件、预先测算和确定的工程造价。预算造价比概算造价或修正概算造价更为详尽和准确，但同样要受前一阶段工程造价的控制。目前，按现行工程量清单计价规范，有些工程项目需要确定招标控制价以限制最高投标报价。

5. 标底或招标控制价

国有资金投资的工程进行招标，根据《中华人民共和国招标投标法》的规定，招标人可以设标底。当招标人不设标底时，为了客观、合理地评审投标报价和避免哄抬标价，造成国有资产流失，招标人应编制招标控制价。

（1）标底是指业主为控制工程建设项目的投资，根据招标文件、各种计价依据和资料以及有关规定所计算的用于测评各投标单位工程报价的工程造价。标底价格在评标定标过程中起到了控制价格的作用。标底由业主或招标代理机构编制，在开标前是绝对保密的。

（2）招标控制价是指招标人根据国家或省级行业建设主管部门颁发的有关计价依据和规则，按设计施工图纸计算的对招标工程限定的最高工程造价。它由招标人或受其委托具有相应资质的工程造价咨询人编制，是招标人用于对招标工程发包的最高限价。投标人的投标报价高于招标控制价的，其投标应予以拒绝。招标控制价的作用决定了它不同于标底，无须保密。

6. 投标价

投标价是指投标人投标时报出的工程造价，又称为投标报价。其是投标文件的重要组成部分，是投标人希望达成工程承包交易的期望价格。投标价不能高于招标人设定的招标控制价。

7. 合同价

合同价是指发、承包双方在施工合同中约定的工程造价，又称为合同价格。采用招标发包的工程，其合同价应为投标人的中标价，但并不等同于最终结算的实际工程造价。

8. 施工预算

施工预算是指施工阶段，在施工图预算的控制下，施工单位根据施工图计算的分项工程量、企业定额或施工定额、单位工程施工组织设计等资料，通过工料分析，计算和确定拟建工程所需的人工、材料、机械台班消耗量及其相应费用的技术经济文件。

9. 工程结算

工程结算是指一个单项工程、单位工程、分部工程或分项工程完工并经建设单位及有关部门验收或验收点交后，施工企业根据合同规定，按照施工现场实际情况的记录、设计变更通知书、现场签证、消耗量定额或工程量清单、人工材料机械单价和各项费用取费标准等资料，向建设单位办理结算工程价款，取得收入，用以补偿施工过程中的资金耗费，确定施工盈亏的经济文件。按照合同约定确定的最终工程造价称为竣工结算。

10. 竣工决算

竣工决算是指在竣工验收阶段，当一个建设项目完工并经验收后，由建设单位编制的从筹建到竣工验收、交付使用全过程实际支付的建设费用的经济文件。

综上所述，建设预算的各项造价文件均贯穿于整个基本建设过程中，计价全过程如图1-4所示。

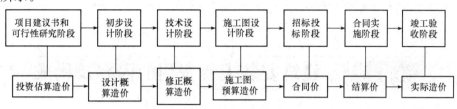

图1-4 造价文件对应计价全过程

复习思考题

1. 什么是建设项目？
2. 建设项目的组成可分为哪几部分？
3. 我国现行政府投资项目的建设程序可以分为哪几个阶段？
4. 工程造价有哪些特点？
5. 生产性建设项目总投资包括哪几部分内容？
6. 工程造价基本构成包括哪些内容？
7. 根据建设项目建设程序，造价文件共有哪些内容？各在建设项目哪个周期进行编制？

项目二　建筑安装工程费用构成

第一节　建筑安装工程费用的内容及构成

一、建筑安装工程费用的内容

建筑安装工程费,是指为完成工程项目建造、生产性设备及配套工程安装所需的费用。

(1)建筑工程费用内容。

1)各类房屋建筑工程和列入房屋建筑工程预算的供水、供暖、卫生、通风、煤气等设备费用及其装设、油饰工程的费用,列入建筑工程预算的各种管道、电力、电信和电缆导线敷设工程的费用。

建筑安装工程
费用构成

2)设备基础、支柱、工作台、烟囱、水塔、水池、灰塔等建筑工程以及各种炉窑的砌筑工程和金属结构工程的费用。

3)为施工而进行的场地平整,工程和水文地质勘察,原有建筑物和障碍物的拆除以及施工临时用水、电、气、路和完工后的场地清理,环境绿化、美化等工作的费用。

4)矿井开凿、井巷延伸、露天矿剥离,石油、天然气钻井,修建铁路、公路、桥梁、水库、堤坝、灌渠及防洪等工程的费用。

(2)安装工程费用内容。

1)生产、动力、起重、运输、传动和医疗、实验等各种需要安装的机械设备的装配费用,与设备相连的工作台、梯子、栏杆等设施的工程费用,附属于被安装设备的管线敷设工程费用,以及被安装设备的绝缘、防腐、保温、油漆等工作的材料费和安装费。

2)为测定安装工程质量,对单台设备进行单机试运转、对系统设备进行系统联动无负荷试运转工作的调试费。

二、我国现行建筑安装工程费用项目构成

根据住房和城乡建设部、财政部《关于印发〈建筑安装工程费用项目组成〉的通知》(建标[2013]44号),我国现行建筑安装工程费用项目按两种不同的方式划分,即按费用构成要素划分和按造价形成划分。

(1)按费用构成要素划分建筑安装工程费用。按照费用构成要素划分,建筑安装工程费包括人工费、材料费(包含工程设备)、施工机具使用费、企业管理费、利润、规费和税金。

(2)按造价形成划分建筑安装工程费用。建筑安装工程费按照工程造价形成由分部分项

工程费、措施项目费、其他项目费、规费和税金组成。分部分项工程费、措施项目费、其他项目费包含人工费、材料费、施工机具使用费、企业管理费和利润。

三、山东省现行建筑安装工程费用项目构成

根据住房和城乡建设部、财政部《关于印发〈建筑安装工程费用项目组成〉的通知》（建标〔2013〕44号），为统一建设工程费用项目组成、计价程序并发布相应费率，制定山东省建设工程费用组成及计算规则。

适用范围和相关说明如下：

（1）本规则适用于山东省行政区域内一般工业与民用建筑工程的建筑、装饰、安装、市政、园林绿化工程的计价活动，与我省现行建筑、装饰、安装、市政、园林绿化工程消耗量定额配套使用。

（2）本规则涉及的建设工程计价活动包括编制招标控制价、投标报价和签订施工合同价以及确定工程结算等内容。

（3）本规则中的费用计价程序是计算我省建设工程费用的依据。其中，包括定额计价和工程量清单计价两种计价方式。

（4）本规则中的费率是编制招标控制价的依据，也是其他计价活动的重要参考（其中规费、税金必须按规定计取，不得作为竞争性费用）。

第二节　建筑安装工程费用项目组成

一、按费用构成要素分

建筑工程费按照费用构成要素划分：由人工费、材料费（包含设备费）、施工机具使用费、企业管理费、利润、规费和税金组成（图2-1）。

（1）人工费。人工费是指按工资总额构成规定，支付给从事建筑安装工程施工的生产工人和附属生产单位工人的各项费用。内容包括以下几项：

1）计时工资或计件工资，是指按计时工资标准和工作时间或对已做工作按计件单价支付给个人的劳动报酬。

2）奖金，是指对超额劳动和增收节支支付给个人的劳动报酬。如节约奖、劳动竞赛奖等。

3）津贴补贴，是指为了补偿职工特殊或额外的劳动消耗和因其他特殊原因支付给个人的津贴，以及为了保证职工工资水平不受物价影响支付给个人的物价补贴。如流动施工津贴、特殊地区施工津贴、高温（寒）作业临时津贴、高空津贴等。

4）加班加点工资，是指按规定支付的在法定节假日工作的加班工资和在法定日工作时间外延时工作的加点工资。

5）特殊情况下支付的工资，是指根据国家法律、法规和政策规定，因病、工伤、产假、计划生育假、婚丧假、事假、探亲假、定期休假、停工学习、执行国家或社会义务等原因

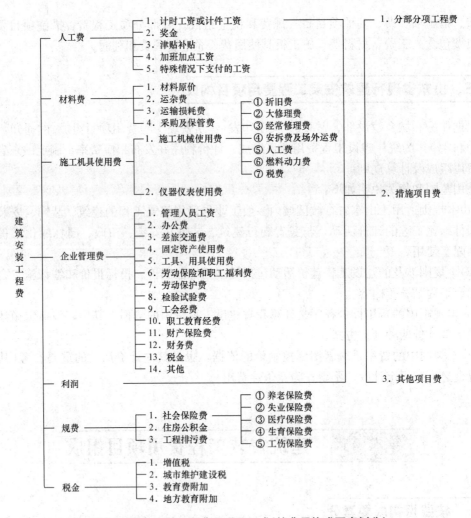

图 2-1 建筑安装工程费用项目组成(按费用构成要素划分)

按计时工资标准或计时工资标准的一定比例支付的工资。

(2)材料费。材料费是指施工过程中耗费的原材料、辅助材料、构配件、零件、半成品或成品的费用。

设备费。设备费是指构成或计划构成永久工程一部分的机电设备、金属结构设备、仪器装置及其他类似的设备和装置的费用。

1)材料设备费包括以下内容:

①材料设备原价:是指材料、设备的出厂价格或商家供应价格。

②运杂费:是指材料、设备自来源地运至工地仓库或指定堆放地点所发生的全部费用。

③材料运输损耗费:是指材料在运输装卸过程中不可避免的损耗费用。

④采购及保管费:是指采购、供应和保管材料、设备过程中所需要的各项费用。包括采购费、仓储费、工地保管费、仓储损耗。

2)材料设备的单价,按下式计算:

材料设备单价=[(材料设备原价+运杂费)×(1+材料运输损耗率)]×(1+采购保管费费率)

(3)施工机具使用费:是指施工作业所发生的施工机械、施工仪器仪表的使用费或其租赁费。

1)施工机械使用费以施工机械台班耗用量乘以施工机械台班单价表示,施工机械台班单价由下列七项费用组成:

①折旧费。指施工机械在规定的耐用总台班内,陆续收回其原值的费用。

②检修费。指施工机械在规定的耐用总台班内,按规定的检修间隔进行必要的检修,以恢复其正常功能所需的费用。

③维护费。指施工机械在规定的耐用总台班内,按规定的维护间隔进行各级维护和临时故障排除所需的费用。维护费包括保障机械正常运转所需替换设备与随机配备工具附具的摊销费用,机械运转及日常维护所需润滑与擦拭的材料费用及机械停滞期间的维护费用等。

④安拆费及场外运费。安拆费是指施工机械在现场进行安装与拆卸所需的人工、材料、机械和试运转费用以及机械辅助设施的折旧、搭设、拆除等费用。场外运费是指施工机械整体或分体自停放地点运至施工现场,或由一施工地点运至另一施工地点的运输、装卸、辅助材料等费用。

⑤人工费。指机上司机(司炉)和其他操作人员的人工费。

⑥燃料动力费。指施工机械在运转作业中所耗用的燃料及水、电等费用。

⑦其他费。指施工机械按照国家规定应缴纳的车船税、保险费及检测费等。

2)施工仪器仪表台班单价由下列四项费用组成:

①折旧费。指施工仪器仪表在耐用总台班内,陆续收回其原值的费用。

②维护费。指施工仪器仪表各级维护、临时故障排除所需的费用及保证仪器仪表正常使用所需备件(备品)的维护费用。

③校验费。指按国家与地方政府规定的标定与检验的费用。

④动力费。指施工仪器仪表在使用过程中所耗用的电费。

(4)企业管理费。企业管理费是指施工企业组织施工生产和经营管理所需的费用。内容包括以下几项:

1)管理人员工资。是指按规定支付给管理人员的计时工资、奖金、津贴补贴、加班加点工资及特殊情况下支付的工资等。

2)办公费。是指企业管理办公用的文具、纸张、账表、印刷、邮电、书报、办公软件、现场监控、会议、水电、烧水和集体取暖降温(包括现场临时宿舍取暖降温)等费用。

3)差旅交通费。是指职工因公出差、调动工作的差旅费、住勤补助费,市内交通费和误餐补助费,职工探亲路费,劳动力招募费,职工退休、退职一次性路费,工伤人员就医路费,工地转移费以及管理部门使用的交通工具的油料、燃料等费用。

4)固定资产使用费。是指管理和试验部门及附属生产单位使用的属于固定资产的房屋、设备、仪器等的折旧、大修、维修或租赁费。

5)工具用具使用费。是指企业施工生产和管理使用的不属于固定资产的工具、器具、家具、交通工具和检验、试验、测绘、消防用具等的购置、维修和摊销费。

6)劳动保险和职工福利费。是指由企业支付的职工退职金、按规定支付给离休干部的经费,集体福利费、夏季防暑降温、冬季取暖补贴、上下班交通补贴等。

7)劳动保护费。是指企业按规定发放的劳动保护用品的支出。如工作服、手套、防暑降温饮料以及在有碍身体健康的环境中施工的保健费用等。

  8)工会经费。是指企业按《工会法》规定的全部职工工资总额比例计提的工会经费。

  9)职工教育经费。是指按职工工资总额的规定比例计提，企业为职工进行专业技术和职业技能培训，专业技术人员继续教育、职工职业技能鉴定、职业资格认定以及根据需要对职工进行各类文化教育所发生的费用。

  10)财产保险费。是指施工管理用财产、车辆等的保险费用。

  11)财务费。是指企业为施工生产筹集资金或提供预付款担保、履约担保、职工工资支付担保等所发生的各种费用。

  12)税金。是指企业按规定缴纳的房产税、车船使用税、土地使用税、印花税、城市维护建设税、教育费附加及地方教育附加、水利建设基金等。

  13)其他。包括技术转让费、技术开发费、投标费、业务招待费、绿化费、广告费、公证费、法律顾问费、审计费、咨询费、保险费等。

  14)检验试验费。是指施工企业按照有关标准规定，对建筑以及材料、构件和建筑安装物进行一般鉴定、检查所发生的费用，包括自设试验室进行试验所耗用的材料等费用。一般鉴定、检查，是指按相应规范所规定的材料品种、材料规格、取样批量、取样数量、取样方法和检测项目等内容所进行的鉴定、检查。例如，砌筑砂浆配合比设计、砌筑砂浆抗压试块、混凝土配合比设计、混凝土抗压试块等施工单位自制或自行加工材料按规范规定的内容所进行的鉴定、检查。

  15)总承包服务费。是指总承包人为配合、协调发包人根据国家有关规定进行专业工程发包、自行采购材料、设备等进行现场接收、管理(非指保管)以及施工现场管理、竣工资料汇总整理等服务所需的费用。

  (5)利润。利润是指施工企业完成所承包工程获得的盈利。

  (6)规费。规费是指按国家法律、法规规定，由省级政府和省级有关权力部门规定必须缴纳或计取的费用。其包括以下内容：

1)安全文明施工费。

①环境保护费：是指施工现场为达到环保部门要求所需要的各项费用。

②文明施工费：是指施工现场文明施工所需要的各项费用。

③安全施工费：是指施工现场安全施工所需要的各项费用。

④临时设施费：是指施工企业为进行建设工程施工所必须搭设的生活和生产用的临时建筑物、构筑物和其他临时设施费用。临时设施包括：办公室、加工场(棚)、仓库、堆放场地、宿舍、卫生间、食堂、文化卫生用房与构筑物，以及规定范围内的道路、水、电、管线等临时设施和小型临时设施。临时设施费，包括临时设施的搭设、维修、拆除、清理费或摊销费等。

2)社会保险费。

①养老保险费：是指企业按照规定标准为职工缴纳的基本养老保险费。

②失业保险费：是指企业按照规定标准为职工缴纳的失业保险费。

③医疗保险费：是指企业按照规定标准为职工缴纳的基本医疗保险费。

④生育保险费：是指企业按照规定标准为职工缴纳的生育保险费。

⑤工伤保险费：是指企业按照规定标准为职工缴纳的工伤保险费。

3)住房公积金。是指企业按规定标准为职工缴纳的住房公积金。

4)工程排污费。是指按规定缴纳的施工现场的工程排污费。

5)建设项目工伤保险。按鲁人社发[2015]15号《关于转发人社部发[2014]103号文件明确建筑业参加工伤保险有关问题的通知》,在工程开工前向社会保险经办机构交纳,应在建设项目所在地参保。

按建设项目参加工伤保险的,建设项目确定中标企业后,建设单位在项目开工前将工伤保险费一次性拨付给总承包单位,由总承包单位为该建设项目使用的所有职工统一办理工伤保险参保登记和缴费手续。

按建设项目参加工伤保险的房屋建筑和市政基础设施工程,建设单位在办理施工许可手续时,应当提交建设项目工伤保险参保证明,作为保证工程安全施工的具体措施之一。安全施工措施未落实的项目,住房城乡建设主管部门不予核发施工许可证。

(7)税金。税金是指国家税法规定应计入建筑安装工程造价内的增值税。其中甲供材料、甲供设备不作为增值税计税基础。

二、按造价形成分

建设工程费按照工程造价形成由分部分项工程费、措施项目费、其他项目费、规费、税金组成(图2-2)。

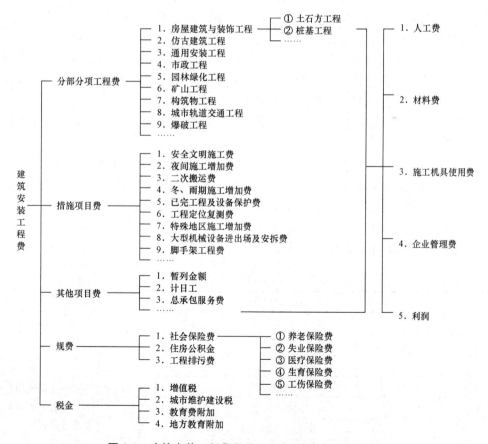

图2-2 建筑安装工程费用项目组成(按造价形成划分)

(1) 分部分项工程费。分部分项工程费是指各专业工程的分部分项工程应予列支的各项费用。

1) 专业工程。是指按现行国家计量规范划分的房屋建筑与装饰工程、通用安装工程、市政工程、园林绿化工程等各类工程。

2) 分部分项工程。是指按现行国家计量规范或现行消耗量定额对各专业工程划分的项目。如房屋建筑与装饰工程划分的土石方工程、地基处理与边坡支护工程、桩基础工程、砌筑工程、钢筋及混凝土工程等。

(2) 措施项目费。措施项目费是指为完成工程项目施工，发生于该工程施工准备和施工过程中的技术、生活、安全、环境保护等方面的项目费用。

1) 总价措施费。是指省住房城乡建设主管部门根据建筑市场状况和多数企业经营管理情况、技术水平等测算发布了费率的措施项目费用。总价措施费的主要包括以下内容：

①夜间施工增加费。是指因夜间施工所发生的夜班补助费、夜间施工降效、夜间施工照明设备摊销及照明用电等费用。

②二次搬运费。是指因施工场地条件限制而发生的材料、构配件、半成品等一次运输不能到达堆放地点，必须进行二次或多次搬运所发生的费用。

施工现场场地的大小，因工程规模、工程地点、周边情况等因素的不同而各不同，一般情况下，场地周边围挡范围内的区域，为施工现场。若确因场地狭窄，按经过批准的施工组织设计，必须在施工现场之外存放材料或必须在施工现场采用立体架构形式存放材料时，其由场外到场内的运输费用、或立体架构所发生的搭设费用，按实另计。

③冬、雨期施工增加费。是指在冬期或雨期施工需增加的临时设施、防滑、排除雨雪，人工及施工机械效率降低等费用。冬、雨期施工增加费，不包括混凝土、砂浆的集料炒拌、提高强度等级以及掺加于其中的早强、抗冻等外加剂的费用。

④已完工程及设备保护费。是指竣工验收前，对已完工程及设备采取的必要保护措施所发生的费用。

⑤工程定位复测费。是指工程施工过程中进行全部施工测量放线和复测工作的费用。

⑥市政工程地下管线交叉处理费。是指施工过程中对现有施工场地内各种地下交叉管线进行加固及处理所发生的费用，不包括地下管线改移发生的费用。

2) 单价措施费，是指消耗量定额中列有子目，并规定了计算方法的措施项目费用。

"专业工程措施项目一览表"见表2-1。

表2-1　专业工程措施项目一览表

序号	措施项目名称	备注
1	建筑工程与装饰工程	
1.1	脚手架	消耗量定额中列有子目、并规定了计算方法的单价措施项目
1.2	垂直运输机械	
1.3	构件吊装机械	
1.4	混凝土泵送	
1.5	混凝土模板及支架	
1.6	大型机械进出场	
1.7	施工降排水	

(3)其他项目费。

1)暂列金额。是指建设单位在工程量清单中暂定、并包括在工程合同价款中的一笔款项,用于施工合同签订时尚未确定或不可预见的材料、设备、服务的采购,施工中可能发生的工程变更、合同约定调整因素出现时工程价款的调整以及发生的索赔、现场签证等费用。

暂列金额包含在投标总价和合同总价中,但只有施工过程中实际发生了、并且符合合同约定的价款支付程序,才能纳入竣工结算价款中。暂列金额,扣除实际发生金额后的余额,仍属于建设单位所有。暂列金额一般可按分部分项工程费的10%~15%估列。

2)专业工程暂估价。是指建设单位根据国家相应规定、预计需由专业承包人另行组织施工、实施单独分包(总承包人仅对其进行总承包服务),但暂时不能确定准确价格的专业工程价款。

专业工程暂估价应区分不同专业,按有关计价规定估价,并仅作为计取总承包服务费的基础,不计入总承包人的工程总造价。

3)特殊项目暂估价。是指未来工程中肯定发生、其他费用项目均未包括,但由于材料、设备、或技术工艺的特殊性,没有可参考的计价依据、事先难以准确确定其价格、对造价影响较大的项目费用。

4)计日工。是指在施工过程中,承包人完成建设单位提出的工程合同范围以外的、突发性的零星项目或工作,按合同中约定的单价计价的一种方式。计日工,不仅指人工,零星项目或工作使用的材料、机械,均应计列于本项之下。

5)采购保管费:定义同前。

6)其他检验试验费。检验试验费,不包括相应规范规定之外要求增加鉴定、检查的费用,新结构、新材料的试验费用,对构件做破坏性试验及其他特殊要求检验试验的费用,建设单位委托检测机构进行检测的费用。此类检测发生的费用,在该项中列支。建设单位对施工单位提供的、具有出厂合格证明的材料要求进行再检验、经检测不合格的,该检测费用由施工单位支付。

7)总承包服务费。定义同前。包括工期奖惩、质量奖惩等,均可计列于本项之下。

$$总承包服务费=专业工程暂估价(不含设备费)\times 相应费率$$

(4)规费:定义同前。

1)安全文明施工费。安全文明施工措施项目清单,包括环境保护费、文明施工费、临时设施费、安全施工费。

2)社会保险费:定义同前。

3)住房公积金:定义同前。

4)工程排污费:定义同前。

5)建设项目工伤保险:定义同前。

(5)税金:定义同前。

第三节 国外建筑安装工程费用的构成

1. 费用构成

国外的建筑安装工程费用一般是在建筑市场上通过招投标方式确定的。工程费的高低受建筑产品供求关系影响较大。国外建筑安装工程费用的构成如图 2-3 所示。

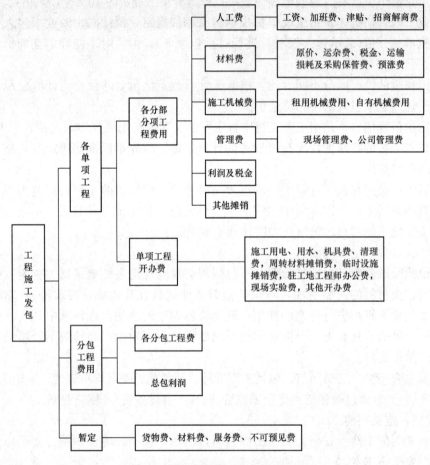

图 2-3 国外建筑安装工程费用构成

(1)直接工程费的构成。

1)人工费。国外一般工程施工的工人按技术要求划分为高级技工、熟练工、半熟练工和壮工。当工程价格采用平均工资计算时,要按各类工人总数的比例进行加权计算。人工费应该包括工资、加班费、津贴、招雇解雇费用等。

2)材料费。主要包括以下内容:

①材料原价。在当地材料市场中采购的材料则为采购价,包括材料出厂价和采购供销手续费等。进口材料一般是指到达当地海港的交货价。

②运杂费。在当地采购的材料是指从采购地点至工程施工现场的短途运输费、装卸费。进口材料则为从当地海港运至工程施工现场的运输费、装卸费。

③税金。在当地采购的材料，采购价格中已经包括税金；进口材料则为工程所在国的进口关税和手续费等。

④运输损耗及采购保管费。

⑤预涨费。根据当地材料价格年平均上涨率和施工年数，按材料原价、运杂费、税金之和的一定比例计算。

3)施工机械费。大型自有机械台时单价，一般由每台时应摊折旧费、应摊维修费、台时消耗的能源和动力费、台时应摊的驾驶工人工资以及工程机械设备险投保费、第三者责任险投保费等组成。如使用租赁施工机械时，其费用则包括租赁费、租赁机械的进出场费等。

(2)管理费。管理费包括工程现场管理费(占整个管理费的20%～30%)和公司管理费(占整个管理费的70%～80%)。管理费除了包括与我国施工管理费构成相似的工作人员工资、工作人员辅助工资、办公费、差旅交通费、固定资产使用费、生活设施使用费、工具用具使用费、劳动保护费、检验试验费以外，还含有业务经费。

(3)利润。国际市场上，施工企业的利润一般为成本的10%～15%，也有的管理费和利润合取，为直接费的30%左右。具体工程的利润率要根据具体情况，如工程难易、现场条件、工期长短、竞争对手的情况等随行就市确定。

(4)开办费。在许多国家，开办费一般是在各分部分项工程造价的前面按单项工程分别单独列出。单项工程建造安装工程量越大，开办费在工程价格中的比例就越小；反之，开办费就越大。一般开办费占工程价格的10%～20%。开办费包括的内容因国家和工程的不同而异，大致包括以下内容：

1)施工用水、用电费。施工用水费，按实际打井、抽水、送水发生的费用估算，也可以按占直接费的比率估计。施工用电费，按实际需要的电费或自行发电费估算，也可按照占直接费的比率估算。

2)工地清理费及完工后清理费，建筑物烘干费，临时围墙、安全信号、防护用品的费用以及恶劣气候条件下的工程防护费、污染费、噪声费，其他法定的防护费用。

3)周转材料费。如脚手架、模板的摊销费等。

4)临时设施费。包括生活用房、生产用房、临时通信、室外工程(包括道路、停车场、围墙、给排水管道、输电线路等)的费用，可按实际需要计算。

5)驻工地工程师的现场办公室及所需设备的费用，现场材料试验及所需设备的费用。一般在招标文件的技术规范中有明确的面积、质量标准及设备清单等要求。如要求配备一定的服务人员或实验助理人员，则其工资费用也需计入。

6)其他。包括工人现场福利费及安全费、职工交通费、日常气候报表费、现场道路及进出场道路修筑及维护费、恶劣天气下的工程保护措施费、现场保卫设施费等。

(5)暂定金额。是指包括在合同中，供工程任何部分的施工或提供货物、材料、设备或服务、不可预料事件所使用的一项金额，这项金额只有工程师批准后才能动用。

(6)分包工程费用。

1)分包工程费。包括各分包工程的工程费，指分包工程的直接工程费、管理费和利润。

2)总包利润和管理费。是指分包单位向总包单位交纳的总包管理费、其他服务费和利润。

2. 费用的组成形式和分摊比例

(1)组成形式。上述组成造价的各项费用体现在承包商投标报价中有三种形式，即组成分部分项工程单价、单独列项、分摊进单价。

1)组成分部分项工程单价。人工费、机械费和材料费直接消耗在分部分项工程上,在费用和分部分项工程之间存在着直观的对应关系,所以,人工费、材料费和机械费组成分部分项工程单价,单价与工程量相乘得出分部分项工程价格。

2)单独列项。开办费中的项目有临时设施、为业主提供的办公和生活设施、脚手架等费用,经常在工程量清单的开办费部分单独分项报价。这种方式适用于不直接消耗在某个分部分项工程上,无法与分部分项工程直接对应,但是对完成工程建设必不可少的费用。

3)分摊进单价。承包商总部管理费、利润和税金,以及开办费中的项目经常以一定的比例分摊进单价。需要注意的是,开办费项目在单独列项和分摊进单价这两种方式中采用哪一种,要根据招标文件和计算规则的要求而定。有的计算规则包括的开办费项目比较齐全,有的计算规则包括的开办费项目比较少。例如,英国的SMM7计算规则的开办费项目就比较齐全,而同样比较有影响的《建筑工程量计算原则(国际通用)》就没有专门的开办费用部分,要求把开办费都分部分项至工程单价。

(2)分摊比例。

1)固定比例。税金和政府收取的各项管理费的比例是工程所在地政府规定的费率,承包商不能随意变动。

2)浮动比例。总部管理费和利润的比例由承包商自行确定。承包商根据自身经营状况、工程具体情况等投标策略确定。一般来说,这个比例在一定范围内是浮动变化的,不同的工程项目、不同的时间和地点,承包商对总部管理费和利润预期值都不会相同。

3)测算比例。开办费的比例需要详细测算,首先计算出需要分摊的项目金额,然后计算分摊金额与分部分项工程价格的比例。

4)公式法。可参考下列公式分摊:

$$A = a(1+K_1)(1+K_2)(1+K_3)$$

式中　A——分摊后的分部分项工程单价;

　　　a——分摊前的分部分项工程单价;

　　　K_1——开办费项目的分摊比例;

　　　K_2——总部管理费和利润的分摊比例;

　　　K_3——税率。

复习思考题

1. 建筑安装工程费用按照费用构成要素包括哪些内容?
2. 人工费包括哪些内容?
3. 材料费包括哪些内容?
4. 建筑安装工程费用按照造价构成包括哪些内容?
5. 其他项目费包括哪些内容?
6. 国外建筑安装工程费用构成包括哪些内容?

项目三 建筑安装工程计价方法

工程计价是指按照规定的程序、方法和依据，对工程造价及其构成内容进行估计或确定的行为。工程计价依据是指在工程计价活动中，所要依据的与计价内容、计价方法和价格标准相关的工程计量计价标准、工程计价定额及工程造价信息等。

建筑安装工程
计价方法

新中国成立初期，我国引进和沿用了苏联建设工程的定额计价方式，该方式属于计划经济的产物。后由于种种原因，没有执行定额计价方式，而采用了包工不包料等方式与建设单位办理工程结算。

20世纪70年代末起，我国开始加强工程造价的定额管理工作，要求严格按主管部门颁发的概预算定额和工料机指导价确定工程造价，这一要求具有典型的计划经济的特征。

随着我国改革开放的不断深入，在建立社会主义市场经济体制的要求下，定额计价方式产生了一些变革，如定期调整人工费，变计划利润为竞争利润等，随着社会主义市场经济的进一步发展，又提出了"量、价分离"的方法确定和控制工程造价。但上述做法，只是一些小改动，没有从根本上改变计划价格的性质，基本上还是属于定额计价的范畴。

到了2003年7月1日，国家颁发了《建设工程工程量清单计价规范》（GB 50500—2003），在建设工程招标投标中实施工程量清单计价，之后，工程造价的确定逐步体现了市场经济规律的要求和特征。2008年，国家有关部委对规范进行了修订，发布了《建设工程工程量清单计价规范》（GB 50500—2008），进一步完善了工程量清单计价方式。2013年7月1日，《建设工程工程量清单计价规范》（GB 50500—2013）正式生效。

根据工程造价计价依据的不同，目前我国处于工程定额计价和工程量清单计价两种计价模式并存的状态。

第一节 工程定额计价基本方法

一、定额计价模式

定额计价模式是我国传统的计价模式，采用工料单价法。它是以预算定额、各种费用定额为基础依据，首先按照施工图内容及定额规定的分部分项工程量计算规则逐项计算工程量，套用定额基价或根据市场价格确定分部分项工程费，而后再按规定的费用定额计取其他各项费用，最后汇总形成工程造价。

二、定额计价模式的方法和程序

1. 定额计价的基本方法

工料单价法是目前建筑工程定额计价编制时普遍采用的方法。工料单价包括人工、材料、机械台班费用,是各种人工消耗量、各种材料消耗量、各类机械台班消耗量与其相应单价的乘积。用下式表示:

$$工料单价 = \sum(人、材、机消耗量 \times 人、材、机单价)$$

采用工料单价时在工料单价确定后,乘以相应定额项目工程量并汇总,得出相应分部分项工程费,再按照相应的取费程序计算其他各项费用,汇总后形成相应工程造价。即按预算定额规定的分部分项子目,逐项计算工程量,套用预算定额单价(或单位估价表)确定分部分项工程费,然后按规定的取费标准确定措施费、其他项目费、利润和税金等费用,经汇总后即为工程预算造价。用公式表示为

(1)分部分项工程费=人工费+材料费+施工机械使用费

其中:$人工费 = \sum(人工工日数量 \times 人工工日单价)$

$材料费 = \sum(材料用量 \times 材料预算价格)$

$机械使用费 = \sum(机械台班用量 \times 台班单价)$

(2)措施项目费=单价措施项目费+总价措施项目费

其中:单价措施项目费计算同分部分项工程费

总价措施费=计费基础×相应费率

(3)根据规定计算其他项目费、企业管理费、利润、规费、设备费、税金。

(4)工程造价=分部分项费+措施项目费+其他项目费+企业管理费+利润+规费+设备费+税金

2. 工程类别的划分标准及费率

(1)工程类别划分标准。

1)根据《山东省建设工程费用项目组成及计算规则》(2016年12月),工程类别的确定,以单位工程为划分对象。一个单项工程的单位工程,包括:建筑工程、装饰工程、水卫工程、暖通工程、电气工程等若干个相对独立的单位工程。一个单位工程只能确定一个工程类别。

2)工程类别划分标准中有两个指标的,确定工程类别时,需满足其中一项指标。

3)工程类别划分标准缺项时,拟定为Ⅰ类工程的项目,由省工程造价管理机构核准;Ⅱ、Ⅲ类工程项目,由市工程造价管理机构核准,并同时报省工程造价管理机构备案。

4)建筑工程类别划分标准见表3-1。

表3-1 建筑工程类别划分标准表

工程特征			单位	工程类别		
				Ⅰ	Ⅱ	Ⅲ
工业厂房工程	钢结构		跨度	m	>30	>18	≤18
			建筑面积	m²	>25 000	>12 000	≤12 000
	其他结构	单层	跨度	m	>24	>18	≤18
			建筑面积	m²	>15 000	>10 000	≤10 000

续表

工程特征			单位	工程类别		
				Ⅰ	Ⅱ	Ⅲ
工业厂房工程	其他结构	多层	檐高 建筑面积	m m²	>60 >20 000	>30 >12 000	≤30 ≤12 000
民用建筑工程	钢结构		檐高 建筑面积	m m²	>60 >30 000	>30 >12 000	≤30 ≤12 000
	混凝土结构		檐高 建筑面积	m m²	>60 >20 000	>30 >10 000	≤30 ≤10 000
	其他结构		层数 建筑面积	层 m²	— —	>10 >12 000	≤10 ≤12 000
	别墅工程 (≤3层)		栋数 建筑面积	栋 m²	≤5 ≤500	≤10 ≤700	>10 >700
构筑物工程	烟囱		混凝土结构高度 砖结构高度	m m	>100 >60	>60 >40	≤60 ≤40
	水塔		高度 容积	m m³	>60 >100	>40 >60	≤40 ≤60
	筒仓		高度 容积(单体)	m m³	>35 >2 500	>20 >1 500	≤20 ≤1 500
	贮池		容积(单体)	m³	>3 000	>1 500	≤1 500
桩基础工程			桩长	m	>30	>12	≤12
单独土石方工程			土石方	m³	>30 000	>12 000	5 000<体积 ≤12 000

5)建筑工程类别划分说明：

①建筑工程确定类别时，应首先确定工程类型。建筑工程的工程类型，按工业厂房工程、民用建筑工程、构筑物工程、桩基础工程、单独土石方工程五个类型分列。

a. 工业厂房工程，指直接从事物质生产的生产厂房或生产车间。在工业建筑中，为物质生产配套和服务的实验室、化验室、食堂、宿舍、医疗、卫生及管理用房等独立建筑物，按民用建筑工程确定工程类别。

b. 民用建筑工程，指直接用于满足人们物质和文化生活需要的非生产性建筑物。

c. 构筑物工程，指与工业或民用建筑配套、并独立于工业与民用建筑之外，如烟囱、水塔、贮仓、水池等工程。

d. 桩基础工程，是浅基础不能满足建筑物的稳定性要求而采用的一种深基础工艺，主要包括各种现浇和预制混凝土桩以及其他材质的桩基础。桩基础工程适用于建设单位直接发包的桩基础工程。

e. 单独土石方工程：指建筑物、构筑物、市政设施等基础土石方以外的，挖方或填方工程量大于5 000 m³、且需要单独编制概预算的工程。包括土石方的挖、运、填等。

f. 同一建筑物工程类型不同时，按建筑面积大的工程类型、确定其工程类别。

②房屋建筑工程的结构形式。

a. 钢结构，指柱、梁(屋架)、板等承重构件用钢材制作的建筑物。

b. 混凝土结构，指柱、梁(屋架)、板等承重构件用现浇或预制的钢筋混凝土制作的建筑物。

c. 同一建筑物结构形式不同时，按建筑面积大的结构形式、确定其工程类别。

③工程特征。

a. 建筑物檐高，指设计室外地坪至檐口滴水(或屋面板板顶)的高度。凸出建筑物主体屋面的楼梯间、电梯间、水箱间部分高度不计入檐口高度。

b. 建筑物的跨度，指设计图示轴线间的宽度。

c. 建筑物的建筑面积，按建筑面积计算规范的规定计算。

d. 构筑物高度，指设计室外地坪至构筑物主体结构顶坪的高度。

e. 构筑物的容积，指设计净容积。

f. 桩长，指设计桩长(包括桩尖长度)。

④与建筑物配套的零星项目，如水表井、消防水泵接、合器井、热力入户井、排水检查井、雨水沉砂池等，按相应建筑物的类别确定工程类别。

其他附属项目，如场区大门、围墙、挡土墙、庭院甬路、室外管道支架等，按建筑工程Ⅲ类确定工程类别。

⑤工业厂房的设备基础，单体混凝土体积＞1 000 m³，按构筑物工程Ⅰ类；单体混凝土体积＞600 m³，按构筑物工程Ⅱ类；单体混凝土体积≤600 m³，且＞50 m³，按构筑物工程Ⅲ类；≤50 m³ 按相应建筑物或构筑物的工程类别确定工程类别。

⑥强夯工程，按单独土石方工程Ⅱ类确定工程类别。

5)装饰工程类别划分标准见表3-2。

表3-2 装饰工程类别划分标准

工程特征	工程类别		
	Ⅰ	Ⅱ	Ⅲ
工业与民用建筑	特殊公共建筑，包括：观演展览建筑、交通建筑、体育场馆、高级会堂等	一般公共建筑，包括：办公建筑、文教卫生建筑、科研建筑、商业建筑等	居住建筑工业厂房工程
	四星级及以上宾馆	三星级宾馆	二星级以下宾馆
单独外墙装饰(包括幕墙、各种外墙干挂工程)	幕墙高度＞50 m	幕墙高度＞30 m	幕墙高度≤30 m
单独招牌、灯箱、美术字等工程	—	—	单独招牌、灯箱、美术字等工程

6)装饰工程类别划分说明。

①装饰工程，指建筑物主体结构完成后，在主体结构表面及相关部位进行抹灰、镶贴和铺装面层等施工，以达到建筑设计效果的施工内容。

a. 作为地面各层次的承载体，在原始地基或回填土上铺筑的垫层，属于建筑工程。附着于垫层或者主体结构的找平层仍属于建筑工程。

b. 为主体结构及其施工服务的边坡支护工程，属于建筑工程。

c. 门窗（不含门窗零星装饰），作为建筑物围护结构的重要组成部分，属于建筑工程。工艺门扇以及门窗的包框、镶嵌和零星装饰，属于装饰工程。

d. 位于墙柱结构外表面以外、楼板（含屋面板）以下的各种龙骨（骨架）、各种找平层、面层，属于装饰工程。

e. 具有特殊功能的防水层、保温层，属于建筑工程；防水层、保温层以外的面层属于装饰工程。

f. 为整体工程或主体结构工程服务的脚手架、垂直运输、水平运输、大型机械进出场，属于建筑工程；单纯为装饰工程服务的，属于装饰工程。

g. 建筑工程的施工增加，属于建筑工程；装饰工程的施工增加，属于装饰工程。

②特殊公共建筑，包括：观演展览建筑（如影剧院、影视制作播放建筑、城市级图书馆、博物馆、展览馆、纪念馆等）、交通建筑（如汽车、火车、飞机、轮船的站房建筑等）、体育场馆（如体育训练、比赛场馆等）、高级会堂等。

③一般公共建筑，包括：办公建筑、文教卫生建筑（如教学楼、实验楼、学校图书馆、门诊楼、病房楼、检验化验楼等）、科研建筑、商业建筑等。

④宾馆、饭店的星级，按《旅游饭店星级的划分与评定》(GB/T 14308—2010)确定。

(2) 建筑工程费率。为加强对工程造价的动态管理，适应建设工程计价的需要，根据国家有关规定，各地市都制定了本地区的各项取费标准，其中山东省的各项建筑工程费率见表 3-3～表 3-8，它是计算工程造价的依据。

表 3-3　建筑、装饰、安装、园林绿化工程措施费　　　　　　　　　　　　　　　%

一般计税方法下				
专业名称＼费用名称	夜间施工费	二次搬运费	冬、雨期施工增加费	已完工程及设备保护费
建筑工程	2.55	2.18	2.91	0.15
装饰工程	3.64	3.28	4.10	0.15
安装工程　民用安装工程	2.50	2.10	2.80	1.20
安装工程　工业安装工程	3.10	2.70	3.90	1.70
园林绿化工程	2.21	4.42	2.21	5.89
简易计税方法下				
专业名称＼费用名称	夜间施工费	二次搬运费	冬、雨期施工增加费	已完工程及设备保护费
建筑工程	2.80	2.40	3.20	0.15
装饰工程	4.0	3.6	4.5	0.15
安装工程　民用安装工程	2.66	2.28	3.04	1.32
安装工程　工业安装工程	3.30	2.93	4.23	1.87
园林绿化工程	2.40	4.80	2.40	6.40

注：建筑、装饰工程中已完工程及设备保护费的计费基础为省价人、材、机之和。

表 3-4 措施费中的人工费含量   %

专业名称 \ 费用名称	夜间施工费	二次搬运费	冬、雨期施工增加费	已完工程及设备保护费
建筑工程、装饰工程	25			10
园林绿化工程				
安装工程	50	40		25

表 3-5 企业管理费、利润   %

一般计税方法下							
专业名称 \ 费用名称		企业管理费			利润		
		Ⅰ	Ⅱ	Ⅲ	Ⅰ	Ⅱ	Ⅲ
建筑工程	建筑工程	43.4	34.7	25.6	35.8	20.3	15.0
	构筑物工程	34.7	31.3	20.8	30.0	24.2	11.6
	单独土石方工程	28.9	20.8	13.1	22.3	16.0	6.8
	桩基础工程	23.2	17.9	13.1	16.9	13.1	4.8
装饰工程		66.2	52.7	32.2	36.7	23.8	17.3
简易计税方法下							
专业名称 \ 费用名称		企业管理费			利润		
		Ⅰ	Ⅱ	Ⅲ	Ⅰ	Ⅱ	Ⅲ
建筑工程	建筑工程	43.2	34.5	25.4	35.8	20.3	15.0
	构筑物工程	34.5	31.2	20.7	30.0	24.2	11.6
	单独土石方工程	28.8	20.7	13.0	22.3	16.0	6.8
	桩基础工程	23.1	17.8	13.0	16.9	13.1	4.8
装饰工程		65.9	52.4	32.0	36.7	23.8	17.3

表 3-6 总承包服务费、采购保管费   %

费用名称		费率
总承包服务费		3
采购保管费	材料	2.5
	设备	1

表 3-7 建筑、装饰、安装、园林绿化工程规费 %

费用名称 \ 专业名称	建筑工程	装饰工程	安装工程 民用	安装工程 工业	园林绿化工程
一般计税方法下					
安全文明施工费	3.70	4.15	4.98	4.38	2.92
其中：1. 安全施工费	2.34	2.34	2.34	1.74	1.16
2. 环境保护费	0.11	0.12	0.29		0.16
3. 文明施工费	0.54	0.10	0.59		0.35
4. 临时设施费	0.71	1.59	1.76		1.25
社会保险费	1.52				
住房公积金	按工程所在地设区市相关规定计算				
工程排污费	按工程所在地设区市相关规定计算				
建设项目工伤保险	按工程所在地设区市相关规定计算				
简易计税方法下					
安全文明施工费	3.52	3.97	4.86	4.31	2.84
其中：1. 安全施工费	2.16	2.16	2.16	1.61	1.07
2. 环境保护费	0.11	0.12	0.30		0.16
3. 文明施工费	0.54	0.10	0.60		0.35
4. 临时设施费	0.71	1.59	1.80		1.26
社会保险费	1.40				
住房公积金	按工程所在地设区市相关规定计算				
工程排污费	按工程所在地设区市相关规定计算				
建设项目工伤保险	按工程所在地设区市相关规定计算				

表 3-8 税金 %

费用名称	税率
增值税	11
增值税（简易计税）	3

注：甲供材料、甲供设备不作为计税基础。

3. 定额计价计算程序

根据山东省建设工程费用组成及计算规则，工程量清单计价模式可以用表 3-9 计算。

表 3-9 定额计价计算程序

序号	费用名称	计算方法
一	分部分项工程费	$\sum[\text{定额}\sum(\text{工日消耗量}\times\text{人工单价})+\sum(\text{材料消耗量}\times\text{材料单价})+\sum(\text{机械台班消耗量}\times\text{台班单价})]\times\text{分部分项工程量}$
	计费基础 JD1	详见计费基础说明
二	措施项目费	2.1+2.2
	2.1 单价措施费	$\sum[\text{定额}\sum(\text{工日消耗量}\times\text{人工单价})+\sum(\text{材料消耗量}\times\text{材料单价})+\sum(\text{机械台班消耗量}\times\text{台班单价})]\times\text{单价措施项目工程量}$
	2.2 总价措施费	JD1×相应费率
	计费基础 JD2	详见计费基础说明
三	其他项目费	3.1+3.3+…+3.8
	3.1 暂列金额	按项目二其他项目费的介绍计算。
	3.2 专业工程暂估价	
	3.3 特殊项目暂估价	
	3.4 计日工	
	3.5 采购保管费	
	3.6 其他检验试验费	
	3.7 总承包服务费	
	3.8 其他	
四	企业管理费	(JD1+JD2)×管理费费率
五	利润	(JD1+JD2)×利润率
六	规费	4.1+4.2+4.3+4.4+4.5
	4.1 安全文明施工费	(一+二+三+四+五)×费率
	4.2 社会保险费	(一+二+三+四+五)×费率
	4.3 住房公积金	按工程所在地设区市相关规定计算
	4.4 工程排污费	按工程所在地设区市相关规定计算
	4.5 建设项目工伤保险	按工程所在地设区市相关规定计算
七	设备费	$\sum(\text{设备单价}\times\text{设备工程量})$
八	税金	(一+二+三+四+五+六+七)×税率
九	工程费用合计	一+二+三+四+五+六+七+八

有关计算程序的说明:
(1)计费基础说明。各专业工程计费基础的计算方法,见表 3-10。

表 3-10　计费基础说明

专业工程	计费基础		计算方法
建筑、装饰工程	人工费	定额计价 JD1	分部分项工程的省价人工费之和 $\sum[$分部分项工程定额$\sum($工日消耗量×省人工单价$)×$分部分项工程量$]$
		JD2	单价措施项目的省价人工费之和+总价措施费中的省价人工费之和 $\sum[$单价措施项目定额$\sum($工日消耗量×省人工单价$)×$单价措施项目工程量$]+\sum($JD1×省发措施费费率×H$)$
		H	总价措施费中人工费含量(%)

(2)单价措施项目是指消耗量定额中列有子目、并规定了计算方法的单价措施项目，其中包括脚手架、模板、施工运输、建筑施工增加等项目；总计措施项目是指按项计费的措施项目，在措施费中规定了相应费率的项目，如夜间施工费，二次搬运费，冬、雨期施工增加费，已完工程及设备保护费等项目。

(3)其他项目费的计算介绍见"项目二其他项目费"。

第二节　工程量清单计价基本方法

一、工程量清单计价模式

工程量清单计价的基本原理可以描述为：按照工程量清单计价规范规定，在各相应专业工程计量规范规定的工程量清单项目设置和工程量计算规则基础上，针对具体工程的施工图纸和施工组织设计计算出各个清单项目的工程量，根据规定的方法计算出综合单价，并汇总各清单合价得出工程总价。

二、工程量清单计价模式的方法和程序

1. 工程量清单计价模式的方法

综合单价法是目前工程量清单计价时采用的计价方法。综合单价包括人工费、材料费、机械台班费，还包括企业管理费、利润和风险因素。综合单价根据国家、地区、行业定额或企业定额消耗量和相应生产要素市场价格来确定。

采用综合单价时，在综合单价确定后，乘以相应项目工程量，经汇总即可得出分部分项工程费，再按相应的办法计取措施项目、其他项目、规费项目、税金项目费，各项目费汇总后得出相应工程造价。

用公式表示为

(1) 分部分项工程费 $=\sum($分部分项工程量×相应分部分项综合单价$)$

其中综合单价由人工费、材料费、机械费、管理费、利润等组成，并考虑风险费用。

(2)措施项目费 = ∑各措施项目费

(3)其他项目费＝暂列金额＋暂估价＋计日工＋总承包服务费

(4)单位工程报价＝分部分项工程费＋措施项目费＋其他项目费＋规费＋税金

2. 工程量清单计价模式的程序

根据山东省建设工程费用组成及计算规则，工程量清单计价模式可以用表3-11计算。

表3-11 工程量清单计价计算程序

序号	费用名称		计算方法
一	分部分项工程费		$\sum$(Ji×分部分项工程量)
	分部分项工程综合单价		Ji＝1.1＋1.2＋1.3＋1.4＋1.5
	1.1 人工费		每计量单位$\sum$(工日消耗量×人工单价)
	1.2 材料费		每计量单位$\sum$(材料消耗量×材料单价)
	1.3 施工机械使用费		每计量单位$\sum$(机械台班消耗量×台班单价)
	1.4 企业管理费		JQ1×管理费费率
	1.5 利润		JQ1×利润率
	计费基础 JQ1		详见计费基础说明
二	措施项目费		2.1＋2.2
	2.1 单价措施费		$\sum\{[$每计量单位$\sum$(工日消耗量×人工单价)＋$\sum$(材料消耗量×材料单价)＋$\sum$(机械台班消耗量×台班单价)＋JQ2×(管理费费率＋利润率)]×单价措施项目工程量$\}$
	计费基础 JQ2		详见计费基础说明
	2.2 总价措施费		$\sum$[(JQ1×分部分项工程量)×措施费费率＋(JQ1×分部分项工程量)×省发措施费费率×H×(管理费费率＋利润率)]
三	其他项目费		3.1＋3.3＋…＋3.8
	3.1 暂列金额		
	3.2 专业工程暂估价		
	3.3 特殊项目暂估价		
	3.4 计日工		按项目二其他项目费的介绍计算
	3.5 采购保管费		
	3.6 其他检验试验费		
	3.7 总承包服务费		
	3.8 其他		
四	规费		4.1＋4.2＋4.3＋4.4＋4.5
	4.1 安全文明施工费		(一＋二＋三)×费率
	4.2 社会保险费		(一＋二＋三)×费率
	4.3 住房公积金		按工程所在地设区市相关规定计算
	4.4 工程排污费		按工程所在地设区市相关规定计算
	4.5 建设项目工伤保险		按工程所在地设区市相关规定计算
五	设备费		$\sum$(设备单价×设备工程量)
六	税金		(一＋二＋三＋四＋五)×税率
七	工程费用合计		一＋二＋三＋四＋五＋六

有关计算程序的说明:
(1)各专业工程计费基础的计算方法,见表3-12。

表3-12 计算基础说明

专业工程	计费基础			计算方法
建筑装饰、安装、园林绿化工程	人工费	工程量清单计价	JQ1	分部分项工程每计量单位的省价人工费之和
				分部分项工程每计量单位(工日消耗量×省人工单价)
			JQ2	单价措施项目每计量单位的省价人工费之和
				单价措施项目每计量单位∑(工日消耗量×省人工单价)
			H	总价措施费中人工费含量(%)

(2)单价措施项目是指消耗量定额中列有子目、并规定了计算方法的单价措施项目,其中包括脚手架、模板、施工运输、建筑施工增加等项目;总计措施项目是指按项计费的措施项目,在措施费中规定了相应费率的项目,如夜间施工费,二次搬运费,冬、雨期施工增加费,已完工程及设备保护费等项目。

(3)其他项目费的计算介绍见"项目二其他项目费"。

(4)表中费率的取值参见前面工程类别的确定及费率。

例3-1 已知济南市某小区住宅楼,框架-剪力墙结构,檐高为75 m,建筑面积为10 500 m²,其中实体工程的人、材、机的市场价费用是9 534 718.58元,实体工程省价人工费用为1 906 943.72元,单价措施费市场价的人、材、机费用为1 362 467.62元,单价措施费中省价人工费为272 493.52元,暂列金额为32万元,专业工程暂估价为门窗工程暂估价为10万元,计日工费用按表3-13计取,采购保管费及其他检验试验费不计,费率按山东省及济南市相关费率计取,试计算建筑安装工程费。

表3-13 人、材、机综合单价

	数量	单位	综合单价/元
1 人工			
1.1 普工	200	工日	100
1.2 技工	60	工日	160
2 材料			
2.1 钢筋	1.5	t	4 000
2.2 水泥	2.5	t	400
2.3 中砂	12	m³	120
3 机械			
灰浆搅拌机	5	台班	100

解： 建筑安装工程费计算过程见表3-14。

表3-14 建筑安装工程费计算过程

序号	费用名称	费率	计算方法	金额/元
一	分部分项工程费		1.1+1.2+1.3	11 045 018
	1.1 分部分项人、材、机费用			9 534 718.58
	1.2 企业管理费	43.4%	JQ1×分部分项工程量×管理费费率 1 906 943.72×43.4%	827 613.57
	3. 利润	35.8%	JQ1×分部分项工程量×利润率 1 906 943.72×35.8%	682 685.85
二	措施项目费		2.1+2.2	1 755 906.67
	2.1 单价措施费		$\sum\{[$每计量单位$\sum($工日消耗数量×人工单价$)+$$\sum($材料消耗数量×材料单价$)+\sum($机械台班消耗量×机械台班单价$)+$JQ2×(管理费费率+利润率)]×单价措施项目工程量$\}$ 1 362 467.62+272 493.52×(43.4+35.8)%	1 578 282.49
	2.2 总价措施费		(1)+(2)+(3)+(4)	177 624.18
	(1)夜间施工费	2.55%	$\sum[($JQ1×分部分项工程量$)×$措施费费率+(JQ1×分部分项工程量)×省发措施费费率×H×(管理费费率+利润率)] 1 906 943.72×2.55%+1 906 943.72×2.55%×25%×(43.4+35.8)%	58 255.22
	(2)二次搬运费	2.18%	1 906 943.72×2.18%+1 906 943.72×2.18%×25%×(43.4+35.8)%	49 802.5
	(3)冬、雨期施工增加费	2.91%	1 906 943.72×2.91%+1 906 943.72×2.91%×25%×(43.4+35.8)%	66 479.49
	(4)已完工程设备保护费	0.15%	1 906 943.72×0.15%+1 906 943.72×0.15%×10%×(43.4+35.8)%	3 086.97
三	其他项目费		3.1+3.2+3.3+3.4	461 540
	3.1 暂列金额			320 000
	3.2 专业工程暂估价			100 000
	3.3 计日工		计日工中人工费为：200×100+60×160=29 600(元) 计日工中材料费为：1.5×4 000+2.5×400+12×120=8 440(元) 计日工机械费为：5×100=500(元) 故计日工费用为 29 600+8 440+500=38 540(元)	38 540
	3.4 总承包服务费	3%	专业分包工程费×费率 总承包服务费=专业工程暂估价(不含设备费)×相应费率=100 000×3%=3 000(元)	3 000

续表

序号	费用名称	费率	计算方法	金额/元
四	规费		4.1+4.2+4.3+4.4+4.5	777 180.43
	4.1 安全文明施工费	3.7%	(一+二+三)×费率	490 711.19
	4.2 社会保险费	1.52%	(一+二+三)×费率	201 589.46
	4.3 住房公积金	0.2%	(一+二+三)×费率	26 524.93
	4.4 工程排污费	0.26%	(一+二+三)×费率	34 482.41
	4.5 建设项目工伤保险	0.18%	(一+二+三)×费率	23 872.44
五	税金	11%	(一+二+三+四)×税率	1 544 360.96
六	工程费用合计		一+二+三+四+五	15 584 006.06

第三节　定额计价与工程量清单计价基本方法的联系与区别

一、定额计价与清单计价的联系

无论是定额计价还是工程量清单计价，都是一种自下而上的分部组合的计价方法。

每一个建设项目都需要按业主的需要进行单独设计、单独施工，不能批量生产，不能按整个项目确定价格。为了计算确定每个项目的造价，将整个项目进行分解，划分为若干个可以直接测算价格的基本构成要素（分项工程），计算出各基本构成要素的价格，然后汇总为整个项目的造价。

工程造价计价的基本原理是：

$$建筑安装工程造价 = \sum[基本构造要素工程量（分项工程量）\times 相应单价]$$

无论是定额计价还是清单计价，上面这个公式同样有效，只是公式中的各要素有不同的含义。

二、定额计价与清单计价的区别

1. 体现了我国建设市场发展过程的不同定价阶段

利用工程定额计算形成工程价格介于国家定价和国家指导价之间，这种模式下的招投标价格属于国家指导性价格，体现出国家宏观控制下的市场有限竞争。

工程量清单计价反映了市场定价阶段。在这个阶段中，工程价格是在国家有关部门的间接调控和监督下，由工程承包发包双方根据市场供求关系变化自主确定工程价格。此时的工程造价具有竞争形成、自发波动和自发调节的特点。

2. 两种模式的主要计价依据及其性质不同

工程定额计价的主要依据是国家、省、有关专业部门制定的各种定额，其性质为指导性，定额的项目划分一般按施工工序分项，每个项目所包含的工程内容是单一的。

工程量清单计价的主要依据是"清单计价规范"，其性质是含有强制性条文的国家标准，清单的项目划分一般是按"综合实体"进行分项的，每个项目一般包含多项工程内容。

3. 编制工程量的主体不同

定额计价模式下，工程量由招标人和投标人分别按图计算。而在清单计价模式下，工程量由招标人统一计算或委托中介机构统一计算，工程量清单是招标文件的重要组成部分。

4. 单价与报价的组成不同

定额计价采用工料单价，其单价包括人工费、材料费和机械使用费。工程量清单计价采用综合单价，其单价包括人工费、材料费、机械使用费、管理费、利润、一般风险费。清单计价法的报价除包括定额计价法的报价外，还包括其他项目费等费用。

5. 使用阶段不同

工程定额主要用于项目建设前期各阶段对于投资的预测和估算，在工程建设交易阶段，工程定额只能作为建设产品价格形成的辅助依据，而工程量清单计价主要适用于合同价格形成以及后续的合同价格管理阶段，体现出我国对于工程造价的一词两义采用了不同的管理方法。

6. 合同价格的调整方式不同

定额计价的合同价格，主要调整方式有变更签证、定额解释、政策性调整。工程量清单计价方式在一般情况下单价是固定的，减少了合同实施过程中的调整活口。通常情况下，如果清单项目的数量没有增减，就能够保证合同价格基本没有调整，便于业主进行资金准备和筹划。

7. 工程量清单计价具有更强的竞争性

定额计价未区分施工实体性损耗和施工措施性损耗，而工程量清单计价把施工措施与工程实体项目进行分离，这项改革的意义在于突出了施工损耗费用的市场竞争性。工程量清单计价规范的工程量计算规则的编制原则一般是以工程实体的净尺寸计算，也没有包含工程量合理损耗，这一特点也是定额计价工程量计算规则与工程量清单计价工程规则的本质区别。

复习思考题

1. 建筑工程类别是如何划分的？有哪几种费率和工程类别有关？
2. 装饰工程类别是如何划分的？
3. 定额计价程序中，计费基础JD1怎么取值？计费基础JD2怎么取值？
4. 清单计价程序中，计费基础JQ1怎么取值？计费基础JQ2怎么取值？
5. 定额计价与清单计价的区别有哪些？

项目四　工程定额计价依据

第一节　定额概述

一、定额概念

定额可以理解为规定的限额,是社会物质生产部门在生产经营活动中,根据一定的技术组织条件,在一定的时间内,为完成一定数量的合格产品所规定的各种资源消耗的数量标准。

工程定额计价依据

建筑工程定额是指工程建设中,在正常的施工条件和合理劳动组织、合理使用材料及机械的条件下,完成单位合格建筑产品所必须消耗的人工、材料、机械、资金等资源的数量标准。例如,每砌筑 1 m^3 砖基础消耗人工综合工日数 1.097 工日,煤矸石普通砖 0.53 千块,M5.0 水泥砂浆 0.24 m^3,水 0.106 m^3,200 L 灰浆搅拌机 0.03 台班。建设工程定额是质与量的统一体。不同的产品有不同的质量要求,因此,建设工程定额除规定各种资源消耗的数量标准外,还要规定应完成的产品规格、工作内容以及应达到的质量标准和安全要求。

二、定额水平

定额水平就是为完成单位合格产品由定额规定的各种资源消耗应达到的数量标准,它是衡量定额消耗量高低的指标。

建筑工程定额是动态的,它反映的是当时的生产力发展水平。定额水平是一定时期社会生产力水平的反映,它与一定时期生产的机械化程度、操作人员的技术水平、生产管理水平、新材料新工艺和新技术的应用程度以及全体人员的劳动积极性有关,所以,它不是一成不变的,而是随着社会生产力水平的变化而变化的。随着科学技术和管理水平的进步,生产过程中的资源消耗减少,相应地,定额所规定的资源消耗量降低,称之为定额水平提高。但是,在一定时期内,定额水平又必须是相对稳定的。定额水平是制定定额的基础和前提,定额水平不同,定额所规定的资源消耗量也就不同。在确定定额水平时,应综合考虑定额的用途、生产力发展水平、技术经济合理性等因素。需要注意的是,不同的定额编制主体,定额水平是不一样的。政府或行业编制的定额水平,采用的是社会平均水平,而企业编制的定额水平反映的是自身的技术和管理水平,一般为平均先进水平。

三、定额的特性

1. 定额的科学性和系统性

定额的科学性，首先，表现在用科学的态度制订定额，在研究客观规律的基础上，采用可靠的数据，用科学的方法编制定额；其次，表现在制订定额的技术方法上，利用现代科学管理形成一套行之有效的、完整的方法；最后，表现在定额制订与贯彻的一体化上。

建设工程定额是相对独立的系统，它是由多种定额结合而成的有机的整体，它的结构复杂，有着鲜明的层次和明确的目标。

2. 定额的法令性

定额的法令性是指定额一经国家或授权机关批准颁发，在其执行范围内必须严格遵守和执行，不得随意变更定额内容与水平，以保证全国或某一地区范围有一个统一的核算尺度，从而使比较、考核经济效果和有效地监督管理有了统一的依据。

3. 定额的群众性

定额的群众性是指定额的制订和执行都是建立在广大生产者和管理者的基础上的。首先，群众是生产消费的直接参加者，他们了解生产消耗的实际水平，所以通过管理科学的方法和手段对群众中的先进生产经验和操作方法，进行系统的分析、测定和整理，充分听取群众的意见，并邀请专家及技术熟练工人代表直接参加定额制订活动；其次，定额要依靠广大生产者和管理者积极贯彻执行，并在生产消费活动中检验定额水平，分析定额执行情况，为定额的调整与修订提供新的基础资料。

4. 定额的相对稳定性和时效性

任何一种定额都是一定时期社会生产力发展水平的反映，在一定时期内应是稳定的。保持定额的稳定性，是定额的法令性所必需的，同时，也是更有效地执行定额所必需的，如果定额处于经常修改的变动状态中，势必造成执行中的困难与混乱，使人们对定额的科学性与法令性产生怀疑。另外，由于定额的修改与编制是一项十分繁重的工作，它需要动用和组织大量的人力和物力，而且需要收集大量资料、数据，需要反复地研究、试验、论证等，这些工作的完成周期很长，所以也不可能经常性地修改定额。然而，定额的稳定性又是相对的，任何一种定额仅能反映一定时期的生产力水平，生产力始终处在不断地发展变化之中，当生产力向前发展了许多，定额水平就会与之不相适应，定额就无法再发挥其作用，此时就需要有更高水平的定额问世，以适应新生产力水平下企业生产管理的需要。所以，从一个长期的过程来看，定额又是不断变动的，具有时效性。

四、建筑工程定额的分类

建设工程定额是工程建设中各类定额的总称，它包括许多种类的定额。为了对工程建设定额能有一个全面的了解，可以按照不同的原则和方法对它进行科学的分类。

1. 按定额反映的物质消耗内容分类

按定额反映的物质消耗内容分类，可分为劳动定额、材料消耗定额和机械台班消耗定额。

(1)劳动定额。劳动定额是指在正常的生产条件下,完成单位合格工程建设产品所需消耗的活劳动的数量标准。劳动定额反映的是活劳动的消耗,按照反映方式的不同,劳动定额有时间定额和产量定额两种形式。时间定额是指为完成单位合格产品所消耗的生产工人的工作时间标准;产量定额是指生产工人在单位时间里必须完成的合格产品的产量标准。为了便于核算,劳动定额大多采用时间定额的形式。

(2)材料消耗定额。材料消耗定额是指在正常的生产条件下,完成单位合格产品所需消耗的材料的数量标准。其包括工程建设中使用的各类原材料、成品、半成品、配件、燃料以及水、电等动力资源等。材料作为劳动对象构成工程的实体,需用数量大、种类多。所以材料消耗量多少,消耗是否合理,不仅关系到资源的有效利用,影响市场供求状况,而且直接关系到建设工程的项目投资、建筑产品的成本控制。

(3)机械台班消耗定额。机械台班消耗定额是指在正常的生产条件下,完成单位合格产品所需消耗的机械的数量标准。按反映机械消耗的方式不同,机械台班消耗定额同样有时间定额和产量定额两种形式,但以时间定额为主要形式。

我国习惯以一台机械一个工作班为机械消耗的计量单位。任何工程建设都要消耗大量人工、材料和机械,所以将劳动消耗定额、材料消耗定额、机械台班消耗定额称为三大基本定额。

2. 按定额编制的程序和用途分类

按照定额编制的程序和用途,可以将工程定额分为施工定额、消耗量定额、概算定额、概算指标、投资估算指标等。

(1)施工定额。施工定额是施工企业内部用来进行组织生产和加强管理的一种定额,它是以同一性质的施工过程为标定对象编制的计量性定额。施工定额反映了企业的施工与管理水平,是编制消耗量定额的重要依据。

(2)消耗量定额。消耗量定额是以各分部分项工程为标定对象编制的计价性定额,是由政府工程造价主管部门根据社会平均的生产力发展水平,综合考虑施工企业的整体情况,以施工定额为基础组织编制的一种社会平均资源消耗标准。

(3)概算定额。概算定额是在消耗量定额基础上的综合和扩大,是以扩大结构构件、分部工程或扩大分项工程为标定对象编制的计价性定额,其定额水平一般为社会平均水平。主要用于在初步设计阶段进行设计方案技术经济比较和编制设计概算,是投资主体控制建设项目投资的重要依据。

(4)概算指标。概算指标是以每个建筑物或构筑物为对象,规定人工、材料、机械台班消耗量及资金消耗的数量标准,主要用于编制投资估算或设计概算,是初步设计阶段编制概算、确定工程造价的依据,是进行经济分析、衡量设计水平、考核建设成本的标准。

(5)投资估算指标。投资估算是以独立的单项工程或完整的工程项目为计算对象,是在项目建议书和可行性研究阶段编制投资估算、计算投资需要量时使用的一种定额。

3. 按专业分类

按照专业分类,工程定额可分为建筑工程定额、安装工程定额、市政定额、园林绿化定额、矿山工程定额等。

(1)建筑工程定额。建筑工程定额是建筑工程的施工定额、消耗量定额、概算定额、概算指标的统称。在我国的固定资产投资中,建筑工程投资的比例占60%左右,因此,建筑工程定额在整个工程定额中是一种非常重要的定额。

(2)安装工程定额。安装工程定额是安装工程施工定额、消耗量定额、概算定额和概算指标的统称。在工业性项目中，机械设备安装工程、电气设备安装工程以及热力设备安装工程占有重要地位；非生产性项目中，随着社会生活和城市设施的日益现代化，设备安装工程量也在不断增加。所以，安装工程定额也是工程定额的重要组成部分。

(3)市政工程定额。市政工程是指城市的道路、桥涵和市政管网等公共设施及公用设施的建设工程。市政工程定额是指市政工程人工、材料及机械的消耗标准。

(4)园林绿化定额。园林绿化工程定额是指园林绿化工程人工材料机械的消耗标准。

(5)矿山工程定额。矿山工程定额是指矿山工程人工材料机械的消耗标准。

4. 按照管理权限和适用范围分类

按照定额管理权限和适用范围，工程定额可以分为全国统一定额、行业统一定额、地区统一定额、企业定额和补充定额五种。

(1)全国统一定额。全国统一定额是由国家住房城乡建设主管部门，综合全国工程建设的技术和施工组织管理水平编制，并在全国范围内执行的定额，如全国统一建筑工程基础定额、全国统一安装工程消耗量定额等。

(2)行业统一定额。行业统一定额是由国务院行业行政主管部门制定发布的，一般只在本行业和相同专业性质的范围内使用，如冶金工程定额、水利工程定额等。

(3)地区统一定额。地区统一定额由省、自治区、直辖市住房城乡建设主管部门制定发布的，在规定的地区范围内使用。它一般是考虑各地区不同的气候条件、资源条件、各地区的建设技术与施工管理水平等编制的。

(4)企业定额。企业定额由施工企业根据自身的管理水平、技术水平、机械装备能力等情况制定的，只在企业内部范围内使用。企业定额水平一般应高于国家和地区的现行定额。

(5)补充定额。补充定额指随着设计、施工技术的发展，现行定额不能满足实际需要的情况下，有关部门为了补充现行定额中变化和缺项部分而进行修改、调整和补充制定的。

第二节 施工定额

一、施工定额概述

1. 施工定额的概念

施工定额是以同一性质的施工过程或工序为制订对象，确定完成一定计量单位的某一施工过程或工序所需人工、材料和机械台班消耗的数量标准。施工定额的标准，一方面反映国家对建筑安装企业在增收节约和提高劳动生产率的要求下，为完成一定的合格产品必须遵守和达到的最高限额；另一方面也是衡量建筑安装企业工人或班组完成施工任务多少和取得个人劳动报酬多少的重要尺度。因此，施工定额是建筑行业和基本建设管理中最重要的定额之一。

2. 施工定额的作用

(1)施工定额是企业编制施工组织设计和施工作业计划的依据。

(2)施工定额是项目经理部向施工班组签发施工任务单和限额领料单的基本依据。
(3)施工定额是计算工人劳动报酬的依据。
(4)施工定额是提高生产率的手段。
(5)施工定额有利于推广先进技术。
(6)施工定额是编制施工预算,加强企业成本管理和经济核算的基础。
(7)施工定额是编制消耗量定额的基础。

3. 施工定额的编制

(1)施工定额的编制原则。

1)平均先进性原则。所谓平均先进水平,就是在正常的施工条件下,大多数施工班组和大多数生产者经过努力能够达到或超过的水平。一般说它应低于先进水平,而略高于平均水平。

2)简明适用性原则。简明适用性原则,要求施工定额内容要具有多方面的适应性,能满足组织施工生产和计算工人劳动报酬等各种需要,同时又简单明了,容易为使用者所掌握,便于查阅、便于计算、便于携带。

3)贯彻专群结合,以专为主的原则。施工定额的编制工作量大、工作周期长,这项工作又具有很强的技术性和政策性,这就要求有一支经验丰富、技术与管理知识全面、有一定政策水平的稳定的专家队伍,负责组织协调,掌握政策,制订编制定额工作方案,系统地积累和分析整理定额资料,调查现行定额的执行情况以及新编定额的试点和征求各方面意见等工作。贯彻以专家为主编制施工定额的原则,必须注意走群众路线,因为广大建筑安装工人既是施工生产的实践者,又是定额的执行者。

(2)施工定额编制依据。施工定额的编制原则确定后,确定定额的编制依据是关系到定额编制质量和贯彻定额编制原则的重要问题。其主要编制依据有:

1)经济政策和劳动制度方面的依据。
①建筑安装工人技术等级标准;
②建筑安装工人及管理人员的工资标准;
③工资奖励制度;
④用工制度及劳动保护制度等。

2)技术依据主要是指各类技术规范、规程、标准和技术测定数据、统计资料等。

3)经济依据主要是指各类定额,特别是现行的施工定额、劳动定额及各省、市、自治区乃至企业现行和历史定额的有关资料、数据。其次要依据日常积累的有关材料、机械台班、能源消耗等资料、数据。

(3)施工定额的编制程序。由于编制施工定额是一项政策性强、专业技术要求高、内容繁杂的细致工作,为了保证编制质量和计算的方便,必须采取各种有效的措施、方法,拟定合理的编制程序。

1)拟定编制方案。
①明确编制原则、方法和依据;
②确定定额项目;
③选择定额计量单位。定额计量单位包括定额产品的计量单位和定额消耗量中的人工、材料、机械台班的计量单位。定额产品的计量单位和人工、材料、机械消耗的计量单位,都可能使用几种不同的单位。

2)拟定定额的适用范围。首先,应明确定额适用于何种经济体制的施工企业,不适用于何种经济体制的施工企业,对适用范围应给予明确的划定和说明,使编制定额有所依据;其次,应结合施工定额的作用和一般工业民用建筑安装施工的技术经济特点,在定额项目划分的基础上,对各类施工过程或工序定额,拟定出适用范围。

3)拟定定额的结构形式。

①定额结构是指施工定额中各个组成部分的配合组织方式和内容构造。定额结构形式必须贯彻简明适用性原则,适合计划、施工和定额管理的需要,并应便于施工班组的执行。

②定额结构形式的内容主要包括定额表格形式式样,定额中的册、章、节的安排,项目划分,文字说明,计算单位的选定和附录等内容。

③确定人工、材料、机械台班消耗标准。

4)定额水平的测算。在新编定额或修订单项定额工作完成之后,均需进行定额水平的测算对比,为上级有关部门及时了解新定额的编制过程,对新编定额水平或降低的幅度等变化情况,做出分析和说明。只有经过新编定额与现行旧定额可比项目的水平测算对比,才能对新编定额的质量和可行性做出评价,决定可否颁布执行。

二、劳动定额

1. 劳动定额的概念

劳动定额也称人工定额,它是建筑安装工人在正常的施工技术组织条件下,在平均先进水平上制订的、完成单位合格产品所必须消耗的活劳动的数量标准。劳动定额按其表现形式和用途不同,可分为时间定额和产量定额。

(1)时间定额。时间定额是指某种专业、某种技术等级的工人班组或个人,在合理的劳动组织、合理的使用材料和合理的施工机械配合条件下,完成某单位合格产品所必须的工作时间,包括准备与结束时间、基本生产时间、辅助生产时间、不可避免的中断时间以及工人必要的休息时间。

时间定额的计量单位以完成单位产品(如 m^3、m^2、m、t、个等)所消耗的工日来表示,每工日按 8 小时计算。

$$单位产品时间定额(工日)=需要消耗的工日数/生产的产品数量$$

(2)产量定额。产量定额是指在合理的使用材料和合理的施工机械配合条件下,某一工种、某一等级的工人在单位工日内完成的合格产品的数量。产量定额的单位以 m^3、m^2、m、台、套、块、根等自然单位或物理单位来表示。

$$单位产品产量定额=生产的产品数量/消耗的工日数$$

时间定额与产量定额的关系时间定额与产量定额互为倒数,即

$$产量定额=1/时间定额$$

或

$$时间定额 \times 产量定额 = 1$$

2. 劳动定额的工作时间

劳动定额中可将工人的工作时间分为定额时间和非定额时间。

(1)定额时间。定额时间是作业者在正常施工条件下,为完成一定产品(或工作任务)所必须消耗的时间。这部分时间属于定额时间,它包括有效工作时间、休息时间和不可避免

的中断时间，是制订定额的主要根据。

1）有效工作时间。有效工作时间是与产品生产直接有关的工作时间，包括基本工作时间、辅助工作时间、准备与结束时间。

①基本工作时间是指在施工过程中，工人完成基本工作所消耗的时间，也就是完成能生产一定产品的施工工艺过程所消耗的时间，是直接与施工过程的技术作业发生关系的时间消耗。基本工作时间的消耗与生产工艺、操作方法、工人的技术熟练程度有关，并与任务的大小成正比。

②辅助工作时间是指与施工过程的技术作业没有直接关系，而是为保证基本工作的顺利进行而做的辅助性工作所需消耗的时间。辅助工作不能使产品的形状、性质、结构位置等发生变化。例如，工作过程中工具的校正和小修；搭设小型的脚手架等所消耗的时间均为辅助工作时间。

③准备与结束时间是指基本工作开始前或完成后进行准备与整理等所需消耗的时间。通常与工程量大小无关，而与工作性质有关。一般可分为班内准备与结束时间、任务内准备与结束时间。班内准备与结束工作时间常具有经常的每天工作时间消耗的特点，如领取材料和工具、工作地点布置、检查安全技术措施、工地交接班等。任务内的准备与结束时间，与每个工作日交替无关，仅与具体任务有关，多由工人接受任务的内容决定。

2）休息时间。休息时间是工人在工作过程中，为了恢复体力所必需的短暂休息，以及由于本身生理需要（喝水、上厕所等）所消耗的时间。这种时间是为了保证工人精力充沛地进行工作，所以应作为定额时间。休息时间的长短与劳动条件、劳动强度、工作性质等有关。

3）不可避免的中断时间。不可避免的中断时间是由于施工过程中技术、组织或施工工艺特点原因，以及独有的特性而引起的不可避免的或难以避免的工作中断所必需消耗的时间，如汽车司机在汽车装卸货时消耗的时间；起重机吊预制构件时安装工人等待的时间。

（2）非定额时间。非定额时间是指与产品生产无关，而与施工组织、技术上的缺陷有关，与工人在施工过程中的个人过失或某些偶然因素有关的时间消耗，包括多余或偶然工作时间、停工时间、违反劳动纪律而造成的工时损失。

1）多余或偶然工作时间。多余或偶然工作时间是在正常施工条件下，作业者进行了多余的工作，或由于偶然情况下，作业者进行任务以外的作业（不一定是多余的）所消耗的时间。所谓多余工作，是指工人进行任务以外的而又不能增加产品数量的工作，如质量不合格而返工造成的多余时间消耗。

2）停工时间。停工时间是由于工作班内停止工作而造成的工时损失。停工时间按其性质可分为施工本身造成的停工时间和非施工本身造成的停工时间两种。因施工本身造成的停工时间是指由于施工组织不善，材料供应不及时，准备工作不善，工作地点组织不良等情况引起的停工时间；非施工本身造成的停工时间是指由于气候条件以及水源、电源中断引起的停工时间。

3）违反劳动纪律而造成的工时损失。违反劳动纪律而造成的工时损失是工人不遵守劳动纪律而造成的时间损失，如上班迟到、下班前的早退、擅自离开工作岗位、工作时间内聊天或办私事以及由于个别人违章操作而引起别的工人无法正常工作的时间损失。违反劳动纪律的工时损失是不应存在的，所以在定额中也是不予考虑的。

（3）工作时间的确定方法。确定劳动定额的工作时间通常采用技术测定法、经验估计法、统计分析法和类推比较法。

1)技术测定法。技术测定法是根据先进合理的生产技术、操作工艺、合理的劳动组织和正常的施工条件,对施工过程中的具体活动进行实地观察,详细记录施工中工人和机械的工作时间消耗,完成产品的数量以及有关影响因素,将记录结果加以整理,客观地分析各种因素对产品的工作时间消耗的影响,获得各个项目的时间消耗资料,通过分析计算来确定劳动定额的方法。这种方法准确性和科学性较高,是制订新定额和典型定额的主要方法。

技术测定通常采用的方法有测时法、写实记录法、工作日写实法、简易测定法。

2)经验估计法。经验估计法是根据有经验的工人、技术人员和定额专业人员的实践经验,参照有关资料,通过座谈讨论,反复平衡来制订定额的一种方法。

3)统计分析法。统计分析法是根据过去一定时间内,实际生产中的工时消耗量和产品数量的统计资料或原始记录,经过整理,并结合当前的技术、组织条件,进行分析研究制订定额的方法。

4)类推比较法。类推比较法也称典型定额法,它是以同类型工序、同类型产品的典型定额项目水平为标准,经过分析比较,类推出同一组定额中相邻项目定额水平的一种方法。

3. 劳动定额的应用

时间定额和产量定额是同一个劳动定额的两种不同的表达方式,但其用途各不相同。

(1)时间定额便于综合,便于计算劳动量、编制施工计划和计算工期。

(2)产量定额具有形象化的优点,便于分配施工任务、考核工人的劳动生产率和签发施工任务单。

例 4-1 某工程砖基础工程量为 120 m^3,每天有 25 名泥水工投入施工,时间定额为 0.89 工日/m^3,试计算完成该项砖基础工程的定额施工天数。

解: 完成该砖基础工程需要的总工日数 = 0.89×120 = 106.80(工日)

完成该砖基础工程需要的定额施工天数 = 106.8÷25 = 5(天)

例 4-2 某抹灰班组由 13 名工人组成,抹某住宅楼白灰砂浆墙面,施工 25 天完成抹灰任务。产量定额为 10.20 m^2/工日,试计算抹灰班应完成的抹灰面积。

解: 抹灰班应完成的抹灰面积 = 10.20×(13×25) = 3 315(m^2)

三、材料消耗定额

1. 材料消耗定额的概念

施工材料消耗定额是指在合理使用材料的条件下,生产单位合格产品所必需消耗的一定品种、规格的原材料、燃料、半成品、配件和水、动力等资源的数量标准。在我国的建设工程成本构成中,材料费比重最高,平均占 60% 左右。材料消耗量多少,消耗是否合理,不仅关系到资源的有效利用,影响市场供求状况,而且对建设项目的投资及建筑产品的成本控制都起着决定性影响。因此,制定合理的材料消耗定额,是组织材料的正常供应,合理利用资源的必要前提。

必需消耗的材料,是指在合理用料的条件下,完成单位合格工程建设产品所必需消耗的材料,包括直接用于工程的材料(即直接构成工程实体或有助于工程形成的材料)、不可避免的施工废料、不可避免的材料损耗。其中,直接用于工程的材料,称为材料净耗量,编制材料净用量定额;不可避免的施工废料及材料损耗,称为材料合理损耗量,编制材料损耗定额。

材料消耗定额包括材料的净用量和必要的材料损耗量两部分。

材料净用量是指直接用于产品上的，构成产品实体的材料消耗量。

材料必要的材料损耗量是指材料从工地仓库、现场加工堆放地点至操作或安放地点的运输损耗、施工操作损耗和临时堆放损耗等。

材料的损耗一般按损耗率计算：

$$损耗率=损耗量/净用量×100\%$$

$$消耗量=净用量+损耗量=净用量×(1+材料损耗率)$$

2. 主要材料消耗定额的确定

主要材料消耗定额是通过在施工过程中对材料消耗进行观测、试验以及根据技术资料的统计与计算等方法确定的，主要有以下四种方法：

(1)现场观测法。现场观测法是对施工过程中实际完成产品的数量与所消耗的各种材料数量进行现场观测、计算，而确定各种材料消耗定额的一种方法。

观测法适宜制订材料的损耗定额。

(2)实验室试验法。实验室试验法是在试验室内通过专门的试验仪器设备，制订材料消耗定额的一种方法。由于试验具有比施工现场更好的工作条件，可更深入细致地研究各种因素对材料消耗的影响。

(3)资料统计法。资料统计法是根据施工过程中材料的发放和退回数量及完成产品数量的统计资料，进行分析计算以确定材料消耗定额的方法。统计分析法简便易行，容易掌握，适用范围广，但用统计法得出的材料消耗包含有不合理的材料浪费，其准确性不高，它只能反映材料消耗的基本规律。

(4)理论计算法。理论计算法是通过对工程结构、图纸要求、材料规格及特性、施工规范、施工方法等进行研究，用理论计算拟定材料消耗定额的一种方法。其适用于不易产生损耗，且容易确定废料的规格材料，如块料、锯材、油毡、玻璃、钢材、预制构件等的消耗定额，材料的损耗量仍要在现场通过实测取得。

每立方米砌体材料消耗量的计算：

$$标准砖净用量=2×墙厚砖数/[墙厚×(砖长+灰缝)×(砖厚+灰缝)]$$

$$砂浆净用量=1-砖净用量×(砖长×砖宽×砖厚)$$

$$标准砖消耗量=标准砖净用量×(1+材料损耗率)$$

$$砂浆消耗量=砂浆净用量×(1+材料损耗率)$$

上述四种建筑材料消耗量定额的制定方法，都有一定的优缺点，在实际工作中应根据所测定的材料的不同，分别选择其中的一种或两种以上的方法结合使用。

3. 周转材料消耗定额的确定

周转材料是指在建筑安装工程中不直接构成工程实体，可多次周转使用的工具性材料，如脚手架、模板和挡土板等。这类材料在施工中都是一次投入多次使用，每次使用后都有一定程度的损耗，经过修复再投入使用。

周转材料消耗定额一般是按多次使用，分次摊销的方法确定。一般根据完成一定分部分项工程的一次使用量，根据现场调研、观测、分析确定的周转使用量。

四、施工机械台班定额

施工机械消耗定额是指在合理使用机械和合理的施工组织条件下，完成单位合格产品所需机械消耗的数量标准。其计量单位以台班表示,每台班按 8 小时计算。

按反映机械台班消耗方式的不同,机械消耗定额同样有时间定额和产量定额两种形式。时间定额表现为完成单位合格产品所需消耗机械的工作时间标准;产量定额表现为机械在单位时间里所必须完成的合格产品的数量标准。从数量上看,时间定额与产量定额互为倒数关系。

1. 施工机械台班定额的表现形式

机械台班定额与劳动定额的表现形式类似,可分为时间定额和产量定额两种形式。

(1)机械时间定额。机械时间定额是指在正常施工生产条件下,某种机械完成单位合格产品所必须消耗的工作时间。

$$机械时间定额 = 1/机械台班产量定额$$

$$配合机械的工人小组人工时间定额 = 台班内小组成员工日数机械台班产量定额$$

例 4-3 斗容量 $1\ m^3$ 反铲挖土机挖二类土,深度 $2\ m$ 以内,装车小组 2 人,其台班产量为 $500\ m^3$,试计算机械时间定额和人工时间定额。

解:挖土机械时间定额 $= 1/5 = 0.2$(台班$/100\ m^3$)

人工时间定额 $= 2/5 = 0.4$(工日$/100\ m^3$)

(2)机械台班产量定额。机械台班产量定额是指在合理的施工组织和正常的施工生产条件下,某种机械在 5 每台班内完成合格产品的数量。

$$机械台班产量定额 = 1/机械时间定额$$

或 $$机械台班产量定额 = 台班内小组成员工日数人工时间定额$$

(3)机械台班定额的表示方法。在《全国建筑安装工程统一劳动定额》中,机械台班定额通常以复式表示。同时表示时间定额和台班产量定额,形式为:时间定额/台班产量。

运输机械台班定额除同时表示时间定额和产量定额外,还应表示台班车次,形式为时间定额/台班产量/台班车次。其中,台班车次是指完成定额台班产量每台班内每车需要往返次数。

2. 施工机械台班定额的确定

施工机械台班定额是编制机械需用量计划和考核机械工作效率的依据,也是对操作机械的工人班组签发施工任务书,实行计件奖励的依据。

确定施工机械台班定额,具体确定步骤如下:

(1)拟定机械工作的正常条件。机械操作和人工操作相比,劳动生产率受施工条件的影响更大,因此,编制机械消耗定额时更应重视确定出机械工作的正常条件。拟定机械工作正常条件,主要是拟定工作地点的合理组织和合理的工人编制。

(2)确定机械纯工作 1 h 正常生产率。机械纯工作时间,就是指机械的必需消耗时间,包括在满负荷和有根据地降低负荷下的工作时间、不可避免的无负荷工作时间和必要的中断时间。机械 1 h 纯工作正常生产率,就是在正常施工组织条件下,具有必需的知识和技能的技术工人操纵机械 1 h 的生产率。

(3)确定施工机械的正常利用系数。施工机械的正常利用系数是指机械在工作班内对工作时间的利用率。机械的利用系数和机械在工作班内的工作状况有着密切关系。所以,要确定施工机械的正常利用系数,必须拟定机械工作班的正常状况,关键是保证合理利用工时。

(4)计算施工机械的产量定额。确定了机械工作正常条件、机械纯工作 1 h 正常生产率、机械的正常利用系数之后采用以下公式计算施工机械的产量定额:

$$台班产量定额 = 机械纯工作 1 h 正常生产率 \times 工作班延续时间 \times 正常利用系数$$

第三节　消耗量定额

一、消耗量定额概述

1. 消耗量定额的概念

消耗量定额是完成一定计量单位质量合格的分项工程或结构构件的人工、材料、机械台班的数量标准，也是计算建筑安装工程产品造价的基础，是国家及地区编制和颁发的一种法令性指标。

2. 消耗量定额的作用

消耗量定额在我国工程建设中具有以下重要作用：

(1)是编制施工图预算、确定和控制建筑安装工程造价的基本依据。消耗量定额是确定一定计量单位工程分项人工、材料、机械消耗量的依据，也是计算分项工程单价的基础。

(2)是施工企业编制人工、材料和机械台班需要量计划，统计完成工程量，考核工程成本，实行经济核算的依据。

(3)是对设计方案进行技术经济比较，对新结构、新材料进行技术经济分析的依据。

(4)是合理编制招标控制价、投标报价的依据。

(5)是建设单位和银行拨付工程价款、建设资金贷款和竣工结(决)算的依据。

(6)是编制地区单位估价表、概算定额和概算指标的基础资料。

3. 消耗量定额的编制

(1)消耗量定额的编制原则。

1)按社会平均水平编制。消耗量定额是确定和控制建筑安装工程造价的主要依据，因此，它必须依据生产过程中所消耗的社会必要劳动时间来确定定额水平。消耗量定额所表现的平均水平，是在正常的施工条件，即合理的施工组织和工艺条件、平均劳动熟练程度和劳动强度下，完成单位分项工程基本构造要素所需要的劳动时间。消耗量定额的水平是以施工定额水平为基础，但是，消耗量定额中包含了更多的可变因素。因此，消耗量定额是平均水平，施工定额是平均先进水平，两者相比，消耗量定额水平相对要低一些。

2)简明适用的原则。消耗量定额通常将建筑物分解为分部、分项工程。对于主要的、常用的、价值量大的项目分项工程划分宜细；对于那些次要的、不常用的、价值量相对较小的项目则可以放粗一些。要注意补充那些因采用新技术、新结构、新材料和先进经验而出现的新的定额项目。项目不全，缺漏项多，将使建筑安装工程价格缺少充足可靠的依据。

对定额的"活口"要设置适当。所谓活口，是指在定额中规定当符合一定条件时，允许该定额另行调整。在编制中尽量不留活口，对实际情况变化较大、影响定额水平幅度大的项目，确实需要留的，也应该从实际出发尽量少留；即使留有活口，也要注意尽量规定换算方法，避免采取按实计算。

合理确定消耗量定额的计算单位，简化工程量的计算，尽可能避免同一种材料用不同的计量单位。尽量减少定额附注和换算系数。

3)统一性和差别性相结合的原则。统一性是指计价定额的制定规划和组织实施由国务院建设行政主管部门归口,并负责全国统一定额的制定与修订,颁发有关工程造价管理的规章制度与办法等;差别性是指在各部门和省、自治区、直辖市主管部门可以在自己的管辖范围内,根据本部门和地区的具体情况制定部门和地区性定额、补充性管理办法,以适应我国地区间、部门间发展不平衡和差异大的实际情况。

(2)消耗量定额的编制依据。编制消耗量定额主要依据以下资料:

1)现行施工定额。消耗量定额是在现行施工定额的基础上编制的。消耗量定额中人工、材料、机械台班消耗水平,需要根据施工定额取定;消耗量定额的计量单位的选择,也要以施工定额为参考,从而保证两者的协调和可比性,减轻消耗量定额的编制工作量,缩短编制时间。

2)现行设计规范、施工及验收规范、质量评定标准和安全操作规程。消耗量定额在确定人工、材料、机械台班消耗数量时,必须考虑上述各项规范的要求和规定。

3)具有代表性的典型工程施工图及有关标准图。对这些图纸进行仔细分析研究,并计算出工程数量,作为编制定额时选择施工方法、确定定额含量的依据。

4)新技术、新结构、新材料和先进的施工方法等。这类资料是调整定额水平和增加新的定额项目所必需的依据。

5)有关科学试验、技术测定的统计、经验资料。这类工作是确定定额水平的重要依据。

6)现行的消耗量定额、材料预算价格及有关文件规定等。包括过去定额编制过程中积累的基础资料,也是编制消耗量定额的依据和参考。

(3)消耗量定额的编制程序。消耗量定额的编制,大致可分为五个阶段,即准备阶段、收集资料阶段、编制定额初稿阶段、审核报批阶段和定稿整理资料阶段。

1)准备阶段。这个阶段的主要任务是:拟定编制方案,抽调人员组成专业组,确定编制定额的目的和任务;确定定额编制范围及编制内容;明确定额的编制原则、水平要求、项目划分和表现形式及定额的编制依据;提出编制工作的规划及时间安排等。

2)收集资料阶段。这个阶段的主要任务是:在已确定的编制范围内,采用表格化收集基础资料,以统计资料为主,注明所需要的资料内容,填表要求和时间范围;邀请建设单位、设计单位、施工单位和管理部门有经验的专业人员,开座谈会,专门收集他们的意见和建议;收集现行的法律、法规资料,现行的施工及验收规范、设计标准、质量评定标准、安全操作规程等;收集以往的消耗量定额及相关解释,定额管理部门积累的相关资料、专项测定及科学试验,这主要是指混凝土配合比和砌筑砂浆试验资料等。

3)编制定额初稿。这个阶段的主要任务是:确定编制细则,包括统一编制表格及编制方法、统一计量单位和小数点位数的要求、统一名称、统一符号、统一用字等;确定项目划分及工程量计算规则;定额人工、材料、机械台班耗用量的计算、复核和测算。

4)审核报批阶段。这个阶段的主要任务是:审核定稿;测算总水平;准备汇报材料。

5)定稿整理资料阶段。这个阶段的主要任务是:印发征求意见稿;修改整理报批;撰写编制说明;立档、成卷。

(4)消耗量定额的编制方法。在基础资料完备可靠的条件下,编制人员应反复熟悉各项资料,确定各项目名称、工作内容、施工方法以及消耗量定额的计量单位等,在此基础上计算各个分部分项工程的人工、材料和机械的消耗量。

1)确定各项目的名称、工作内容及施工方法。在编制消耗量定额时,应根据有关编制参考资料,参照施工定额分项项目,进一步综合确定消耗量定额的名称、工作内容和施工方法,使编制的消耗量定额简明适用。同时,还要使施工定额和消耗量定额两者之间协调一致。

2)确定消耗量定额的计量单位。消耗量定额的计量单位,应与工程项目内容相适应,主要是根据分项工程的形体和结构构件特征及变化规律来确定的。消耗量定额的计量单位按公制或自然计量单位确定。一般地,凡物体的截面有一定形状和大小,只是长度有变化(如管道、电线、木扶手、装饰线等)应以米为计量单位。

当物体的厚度一定,只是长度和宽度有变化(如楼地面、墙面、门窗等)应以平方米(投影面积或展开面积)为单位计算。如果物体的长、宽、高都变化不定(如挖土、混凝土等)应以立方米为计量单位。定额单位确定以后,在列定额表时,一般都采用扩大单位,以10为倍数,以保证定额的准确度要求。定额小数位数的保留,有规定按规定执行,没有规定的按下列规定取定:人工以工日为单位,取两位小数;机械以台班为单位,取三位小数;主要材料及半成品:木料以立方米为单位,钢材、水泥以吨为单位,红砖以千块为单位,砂浆、混凝土等半成品,以立方米为单位取三位小数。

3)按典型设计图纸和资料计算工程量。消耗量定额是在施工定额的基础上编制的一种综合性定额,一个分项工程包含了必须完成的全部工作内容。例如,砖柱消耗量定额中包括了砌砖、调制砂浆、材料运输等工作内容;而施工定额中上述三项内容是分别单独列项的。因此,为了能利用施工定额编制消耗量定额,就必须分别计算典型设计图纸所包括的施工过程的工程量,才能综合出消耗量定额中每一个项目的人工、材料、机械消耗指标。

二、消耗量定额消耗量的确定

消耗量定额中的人工消耗量(定额人工工日)是指完成某一计量单位的分项工程或结构构件所需的各种用工量总和。

定额人工工日不分工种、技术等级一律以综合工日表示,包括基本用工和其他用工。其中,其他用工又包括超运距用工、辅助用工和人工幅度差。

1. 消耗量定额人工消耗量的确定方法

(1)基本用工。基本用工是指完成一定计量单位的分项工程或结构构件的主要用工量。

$$基本用工 = \sum(工序工程量 \times 时间定额)$$

(2)超运距用工。超运距用工是指消耗量定额取定的材料、成品、半成品等运距超过劳动定额规定的运距应增加的用工量。计算时,先求每种材料的超运距,然后在此基础上根据劳动定额计算超运距用工。

$$超运距 = 消耗量定额规定的运距 - 劳动定额规定的运距$$

$$超运距用工 = \sum(超运距材料数量 \times 时间定额)$$

(3)辅助用工。辅助用工是指劳动定额中未包括的各种辅助工序用工,如材料加工等的用工,可根据材料加工数量和时间定额进行计算。

$$辅助用工数量 = \sum(加工材料数量 \times 时间定额)$$

(4)人工幅度差。人工幅度差是指在劳动定额中未包括,而在一般正常施工条件下不可避免的,但又无法计量的用工。人工幅度差一般包括以下几个方面内容:

1)在正常施工条件下,土建各工种工程之间的工序搭接以及土建工程与水电安装工程之间的交叉配合所需停歇时间；
2)在施工过程中，移动临时水电线路而造成的影响工人操作的时间；
3)同一现场内单位工程之间因操作地点转移而影响工人操作的时间；
4)工程质量检查及隐蔽工程验收而影响工人操作的时间；
5)施工中不可避免的少量零星用工等。

在确定消耗量定额用工量时，人工幅度差按基本用工、超运距用工、辅助用工之和的一定百分率计算。

人工幅度差＝(基本用工＋超运距用工＋辅助用工)×人工幅度差系数

国家现行规定人工幅度差系数为10%~15%。另外，在编制人工消耗量时，由于各种基本用工和其他用工的工资等级不一致，为了准确求出消耗量定额用工的平均工资等级，必须根据劳动定额规定的劳动小组成员数量、各种用工量和相应等级的工资系数，求出各种用工的工资等级总系数，然后与总用工量相除，可得出平均工资等级系数，进而可以确定消耗量定额用工的平均工资等级，以便正确计算人工费用和编制地区单位估价表。目前，国家现行建筑工程基础定额和安装工程消耗量定额均以综合工日表示。

消耗量定额人工消耗量＝基本用工＋其他用工
　　　　　　　　　　＝基本用工＋(超运距用工＋辅助用工＋人工幅度差)
　　　　　　　　　　＝(基本用工＋超运距用工＋辅助用工)×(1＋人工幅度差系数)

2. 消耗量定额材料消耗量的确定

(1)消耗量定额主要材料消耗量的确定。消耗量定额材料消耗量确定方法与施工定额材料消耗量的确定方法基本相同，常用的方法主要有现场观测法、实验室试验法、资料统计法和理论计算法等。

(2)消耗量定额周转性材料消耗量的确定。编制消耗量定额时，对于周转性材料的消耗定额，与施工定额一样，也是按多次使用，分次摊销的方法计算。

(3)次要零星材料消耗指标的确定。在编制消耗量定额时，次要零星材料在定额中若是以"其他材料费"表示，其确定方法有两种：一是可直接按其占主要材料的百分比计算；二是如同主要材料，先分别确定其消耗数量，然后乘以相应的材料单价，并汇总后求得"其他材料费"。

3. 消耗量定额机械台班消耗量的确定

(1)消耗量定额机械台班消耗定额的概念。消耗量定额机械台班消耗定额是指在合理使用机械和合理的施工组织条件下，按机械正常使用配置综合确定的完成定额计量单位合格产品所必须消耗的机械台班数量标准。

机械台班消耗量是以"台班"为单位计算的，一台机械工作8小时为一个台班。消耗量定额机械台班消耗量是确定定额项目基价的基础。

(2)机械台班消耗量的确定方法。消耗量定额中的施工机械台班消耗量是在劳动定额或施工定额中相应项目的机械台班消耗量指标基础上确定的，在确定过程中还应考虑增加一定的机械幅度差。机械幅度差是指在劳动定额或施工定额中所规定的范围内没有包括，而在实际施工中又不可避免产生的影响机械效率或使机械停歇的时间。其内容包括以下几项：

1)施工中机械转移工作面及配套机械互相影响损失的时间。
2)在正常施工条件下，机械在施工中不可避免的工序间歇。
3)工程开工或收尾时工程量不饱满所损失的时间。

4)检查工程质量影响机械操作的时间。
5)临时停机、停电影响机械操作的时间。
6)机械维修引起的停歇时间等。

在确定消耗量定额机械台班消耗量指标时,机械幅度差以机械幅度差系数表示。大型机械机械幅度差系数通常为:土方机械25%;打桩机械33%;吊装机械30%。其他中小型机械幅度差系数一般取10%。

三、消耗量定额的组成

《山东省建筑工程消耗量定额》(简称《17消耗量定额》)分上、下两册,由总说明、分部定额、附录三部分组成。

1. 总说明

总说明主要阐述了定额的编制原则、指导思想、编制依据、适用范围以及定额的作用。同时说明编制时已经考虑和没有考虑的因素,使用方法及有关规定等。因此,使用定额前应首先了解和掌握总说明。

(1)定额编制依据。消耗量定额是以国家或有关部门发布的现行国家设计规范、施工验收规范、技术操作规程、质量评定标准、产品标准和安全操作规程,现行工程量清单计价规范,计量规范,并参考了有关地区和行业标准定额编制。

(2)定额编制原则。消耗量定额是按照正常的施工条件,合理的施工工期、施工组织设计编制的,反映建筑行业平均水平。

(3)定额适用范围。消耗量定额适用于我省行政区域内的一般工业与民用建筑的新建、扩建和改建工程及新建装饰工程。

(4)定额作用。消耗量定额是完成规定计量单位分部分项工程所需人工、材料、机械台班消耗量的标准;是编制招标标底(招标控制价)的依据;是编制施工图预算,确定工程造价以及编制概算定额、估算指标的基础。

(5)定额内容。

1)人工:人工工日消耗量内容包括:基本用工、辅助用工、超运距用工以及人工幅度差。

2)材料:材料包括主要材料、辅助材料及周转材料。

3)机械:机械台班消耗量包括机械台班消耗量和机械幅度差。

定额使用过程中注意事项:定额总说明中还载明了使用定额时应注意的问题。例如,本定额的工作内容仅对其主要施工工序进行了说明,次要工序虽未说明,但均已包括在定额中。本定额中凡注有×××以内、×××以下者,均包括×××本身;凡注明×××以外或×××以上者,则不包括×××本身。

2. 分部定额

《17消耗量定额》共分二十章,其内容包括:土石方工程;地基处理与边坡支护工程;桩基础工程;砌筑工程;钢筋及混凝土工程;金属结构工程;木结构工程;门窗工程;屋面及防水工程;保温、隔热及防腐工程;楼地面装饰工程;墙柱面装饰与隔断、幕墙工程;天棚工程;油漆、涂料及裱糊工程;其他装饰工程;构筑物及其他工程;脚手架工程;模板工程;施工运输工程;建筑施工增加。其中每一个分部定额均由分部说明、工程量计算规则及定额项目表组成。

(1)分部说明。主要介绍了分部工程所包括的主要项目及工作内容,编制中有关问题的说明,执行中的一些规定,特殊情况的处理等。它是定额的重要部分,是执行定额和进行工程量计算的基准,必须全面掌握。

(2)工程量计算规则。主要介绍了分部工程包括的主要项目在计算工程量时的计算方法及规则。它规定了一些项目的计算规则,以及计算过程中的一些规定、单位等,是进行工程量计算的主要依据,必须全面掌握。

(3)定额项目表。定额项目表是定额的核心,在整个定额中占用篇幅最大。

定额项目表由工作内容、定额单位、定额编号、项目名称、消耗量和附注等组成,见表4-1和表4-2(摘自《17消耗量定额》)。

表4-1 定额项目表

工作内容:调、运、铺砂浆,运、砌砖,立门窗框,安放木砖、垫块等　　　　　　　　　　10 m³

	定额编号		4-2-1	4-2-2	4-2-3
	项目名称		加气混凝土砌块墙	轻集料混凝土小型砌块墙	承重混凝土小型空心砌块墙
	名称	单位	消耗量		
人工	综合工日	工日	15.43	14.90	15.05
材料	蒸压粉煤灰加气混凝土砌块 600×200×240	m³	9.464 0	—	—
	陶粒混凝土小型砌块 390×190×190	m³	—	8.977 0	—
	烧结页岩空心砌块 290×190×190	m³	—	—	8.821 0
	烧结煤矸石普通砖 240×115×53	m³	0.434 0	0.434 0	0.434 0
	混合砂浆 M5.0	m³	1.019 0	1.357 0	1.529 0
	水	m³	1.485 0	1.411 7	1.388 3
机械	灰浆搅拌机 200 L	台班	0.127 0	0.169 6	0.191 1

表4-2 定额项目表

工作内容:混凝土浇筑、振捣、养护等　　　　　　　　　　　　　　　　　　　　　　　10 m³

	定额编号		5-1-14	5-1-15	5-1-16	5-1-17
	项目名称		矩形柱	圆形柱	异形柱	构造柱
	名称	单位	消耗量			
人工	综合工日	工日	17.22	19.02	19.23	29.79
材料	C30现浇混凝土碎石<31.5	m³	9.869 1	9.869 1	9.869 1	—
	C20现浇混凝土碎石<31.5	m³	—	—	—	9.869 1
	水泥抹灰砂浆 1:2	m³	0.234 3	0.234 3	0.234 3	0.234 3
	塑料薄膜	m²	5.000 0	4.300 0	4.200 0	5.150 0
	阻燃毛毡	m²	1.000 0	0.860 0	0.840 0	0.030 0
	水	m³	0.791 3	0.570 0	0.713 0	0.600 0
机械	灰浆搅拌机 200 L	台班	0.040 0	0.040 0	0.040 0	0.040 0
	混凝土振捣器 插入式	台班	0.676 7	0.676 7	0.670 0	1.240 0

1)工作内容。一般列在定额项目表的表头左上方,是指本分项工程所包括的工作范围。

例4-4 加气混凝土砌块墙项目的工作内容:调、运、铺砂浆、运、砌砖、立门窗框、安放木砖、垫块等。

5-1-14 现浇混凝土柱的工作内容:混凝土浇筑、振捣、养护。

2)定额单位。一般列在定额项目表右上方,是指该项目的单位。17消耗量定额的定额单位除金属项目以 t 为单位外,其他大多为10倍的扩大单位,如10 m、10 m²、10 m³ 等。4-2-1 加气混凝土砌块墙项目的单位为10 m³,5-1-14 现浇混凝土柱的单位为10 m³。

3)定额编号。为了编制造价文件时便于查对,章、节、项都有固定的编号,称为定额编号。《17消耗量定额》采用三符号编码,如4-2-1表示第四章第二节第一项;5-1-14表示第五章第一节第十四项。现行的清单计价规范采用12位的数字编码,如010101003001。其他各省如北京、河南定额采用的是二符号制。如4-26,6-35等。

4)项目名称。指分项工程的名称,项目名称包括该项目使用的材料、部位或构件名称、内容、项目特征等。例如,4-2-1 M5.0 混合砂浆砌加气混凝土砌块墙,5-1-14 C30 现浇混凝土矩形柱。

5)消耗量。定额消耗量包括人工工日、材料数量和机械台班的消耗量。是定额项目表的主要部分(见定额项目表4-1和表4-2)。

6)附注。有些定额项目表下方带有附注,说明设计与定额规定不符时,进行调整的方法。

(3)附录。附录在定额的最后部分,包括附表混凝土及砂浆配合比表等,供定额换算、补充时使用。

四、消耗量定额的应用

消耗量定额是编制施工图预算、确定工程造价的主要依据,定额应用的正确与否直接影响建筑工程预算的结果。为了熟练、正确应用消耗量定额编制施工图预算,必须对组成定额的各个部分全面了解,充分掌握定额的总说明、章说明、各章的工程内容与计算规则,从而达到正确使用消耗量定额的要求。

消耗量定额的使用方法有:消耗量定额的直接套用、消耗量定额的换算及消耗量定额的补充。

1. 消耗量定额的直接套用

当施工图纸的设计要求与消耗量定额的项目内容完全一致时,可以直接套用消耗量定额。

例4-5 (1)人工挖基础土方,土质为普通土,挖土深为2.5 m;1-2-2。

(2)素混凝土基础垫层;2-1-28。

(3)用M5.0水泥砂浆砌砖基础;4-1-1。

(4)用M5.0混合砂浆砌240实心砖墙;4-1-7。

(5)强度等级为C30的现浇混凝土矩形框架柱;5-1-14。

(6)铝合金推拉门的安装;8-2-1。

(7)现浇水泥珍珠岩板上保温;10-1-11。

(8)20 mm 水泥砂浆地面面层;11-2-1。

(9)檐高 69 m 型钢平台双排钢管外脚手架；17-1-6。

(10)矩形柱(组合钢模板钢支撑)；18-1-34。

2. 消耗量定额的换算

(1)强度等级换算。在消耗量定额中用到的砂浆及混凝土等均列了几种常用强度等级，当设计图纸的强等级定额规定的强度等级不同时，允许换算。其换算公式为

换算后的基价＝定额基价＋(换入半成品的单价－换出的半成品单价)×相应换算材料的定额用量度

(2)系数换算。在消耗量定额中，由于施工条件和方法不同，某些项目定额规定可以乘以系数调整。

(3)用量换算。在消耗量定额中，定额与实际消耗量不同时，允许调整其用量。

(4)运距调整。在消耗量定额中，对各种项目运输定额，一般可分为基本定额和增加定额，即超过基本运距时，进行调整运距。

(5)其他换算。定额允许换算的项目是多种多样的，除上面介绍的几种外，还有由于材料的品种、规格发生变化而引起的定额换算，由于砌筑、浇筑或抹灰等厚度发生变化而引起的定额换算等，这些换算可以参照以上介绍的换算方法灵活进行。

3. 消耗量定额的补充

当工程项目在消耗量定额中没有对应子目可以套用，也无法通过对某一子目进行换算得到时，就只有按照定额编制的方法编制补充项目，经建设单位或监理单位审查认可后，可用于本项目预算的编制，也称为临时定额或一次性定额。编制的补充定额项目应在定额编号的部位注明"补"字，以示区别。

复习思考题

1. 什么是建筑工程定额？它有哪些特性？
2. 按定额反映的物质消耗内容定额可以分为哪几类？
3. 按编制程序和用途定额可以分为哪几类？
4. 施工定额的编制程序是什么？
5. 定额工作时间的测定方法有哪些？
6. 主要材料消耗定额的确定方法有哪些？
7. 消耗量定额有哪些作用？
8. 《17 消耗量定额》的适用范围有哪些？
9. 消耗量定额的应用分为哪几种情况？
10. 根据《17 消耗量定额》确定下列项目的定额编号。
    (1)挖掘机挖沟槽土方，普通土；
    (2)3∶7 灰土垫层(机械碾压)；
    (3)用回旋转机成孔，直径 600 mm；
    (4)M5.0 水泥砂浆砌毛石基础；
    (5)C30 现浇混凝土有梁板；

(6)塑钢推拉窗的安装；

(7)屋面板上热铺SBS改性沥青卷材两层；

(8)二层楼板上做20 mm厚的1∶3水泥砂浆找平层；

(9)檐高35 m的双排钢管外脚手架；

(10)直形墙组合钢模板，钢支撑。

11. 某设计为M5.0水泥砂浆砌砖基础，经计算其工程量为33.5 m³，计算省价人工费、材料费、机械费之和。

12. 某设计工程楼地面为1∶3水泥砂浆抹面，经计算其工程量为834 m²，厚度为20 mm。计算省价人工费、材料费、机械费之和。

13. 某设计工程为C30现浇混凝土矩形柱，其截面尺寸为500 mm×500 mm，经计算其工程量为5.46 m³，计算省价人工费、材料费、机械费之和。

项目五　工程量清单计价依据

第一节　工程量清单计价规范

一、《建设工程工程量清单计价规范》概况

《建设工程工程量清单计价规范》(GB 50500—2013)(以下简称《计价规范》)是规范建设工程造价计价行为,统一建设工程计价文件的编制原则和计价方法,适用于建设工程发承包及实施阶段计价活动中各种关系的规范性文件。

工程量清单计价依据

二、《计价规范》的主要内容

(1)总则。

1)制定《计价规范》的目的和法律依据。为规范工程造价计价行为,统一建设工程计价文件的编制原则和计价方法,根据《中华人民共和国建筑法》《中华人民共和国合同法》《中华人民共和国招标投标法》,制定本规范。

2)《计价规范》适用的计价活动范围。本规范适用于建设工程发承包及其实施阶段的计价活动。

3)工程造价费用的组成。建设工程发承包及其实施阶段的工程造价由分部分项工程费、措施项目费、其他项目费、规费和税金组成。

4)造价文件的编制与核对资格。招标工程量清单、招标控制价、投标报价、工程计量、合同价款调整、合同价款结算与支付以及工程造价鉴定等工程造价文件的编制与核对应由具有专业资格的工程造价人员承担。

承担工程造价文件的编制与核对的工程造价人员及其所在单位,应对工程造价文件的质量负责。

5)建设工程计价活动的基本原则。建设工程工程量清单计价活动应遵循客观、公正、公平的原则。

(2)术语。

1)工程量清单。载明建设工程分部分项工程项目、措施项目、其他项目的名称和相应数量以及规费、税金项目等内容的明细清单。

2)招标工程量清单。招标人依据国家标准、招标文件、设计文件以及施工现场实际情况编制的,随招标文件发布供投标报价的工程量清单,包括其说明和表格。

3)已标价工程量清单。构成合同文件组成部分的投标文件中已标明价格,经算术性错误修正(如有)且承包人已确认的工程量清单,包括其说明和表格。

4)分部分项工程。分部工程是单项或单位工程的组成部分,是按结构部位、路段长度及施工特点或施工任务将单项或单位工程划分为若干分部的工程;分项工程是分部工程的组成部分,是按不同施工方法、材料、工序及路段长度等将分部工程划分为若干个分项或项目的工程。

5)措施项目。为完成工程项目施工,发生于该工程施工准备和施工过程中的技术、生活、安全、环境保护等方面的项目。

6)项目编码。分部分项工程和措施项目清单名称的阿拉伯数字标识。

7)项目特征。构成分部分项工程项目、措施项目自身价值的本质特征。

8)综合单价。完成一个规定清单项目所需的人工费、材料和工程设备费、施工机具使用费和企业管理费、利润以及一定范围内的风险费用。

9)风险费用。隐含于已标价工程量清单综合单价中,用于化解发承包双方在工程合同中约定内容和范围内的市场价格波动风险的费用。

10)工程成本。承包人为实施合同工程并达到质量标准,在确保安全施工的前提下,必须消耗或使用的人工、材料、工程设备、施工机械台班及其管理等方面发生的费用和按规定缴纳的规费和税金。

11)工程造价信息。工程造价管理机构根据调查和测算发布的建设工程人工、材料、工程设备、施工机械台班的价格信息,以及各类工程的造价指数、指标。

12)工程造价指数。反映一定时期的工程造价相对于某一固定时期的工程造价变化程度的比值或比率。包括按单位或单项工程划分的造价指数,按工程造价构成要素划分的人工、材料、机械等价格指数。

13)工程变更。合同工程实施过程中由发包人提出或由承包人提出经发包人批准的合同工程任何一项工作的增、减、取消或施工工艺、顺序、时间的改变;设计图纸的修改;施工条件的改变;招标工程量清单的错、漏从而引起合同条件的改变或工程量的增减变化。

14)工程量偏差。承包人按照合同工程的图纸(含经发包人批准由承包人提供的图纸)实施,按照现行国家计量规范规定的工程量计算规则,计算得到的完成合同工程项目应予计量的工程量与相应的招标工程量清单项目列出的工程量之间出现的量差。

15)暂列金额。招标人在工程量清单中暂定并包括在合同价款中的一笔款项。用于工程合同签订时尚未确定或者不可预见的所需材料、工程设备、服务的采购,施工中可能发生的工程变更、合同约定调整因素出现时的合同价款调整以及发生的索赔、现场签证确认等的费用。

16)暂估价。招标人在工程量清单中提供的用于支付必然发生但暂时不能确定价格的材料、工程设备的单价以及专业工程的金额。

17)计日工。在施工过程中,承包人完成发包人提出的工程合同范围以外的零星项目或工作,按合同中约定的单价计价的一种方式。

18)总承包服务费。总承包人为配合协调发包人进行的专业工程发包,对发包人自行采购的材料、工程设备等进行保管以及施工现场管理、竣工资料汇总整理等服务所需的费用。

19)安全文明施工费。在合同履行过程中,承包人按照国家法律、法规、标准等规定,为保证安全施工、文明施工,保护现场内外环境和搭拆临时设施等所采用的措施而发生的费用。

20)索赔。在工程合同履行过程中,合同当事人一方因非己方的原因而遭受损失,按合同约定或法律法规规定应由对方承担责任,从而向对方提出补偿的要求。

21)现场签证。发包人现场代表(或其授权的监理人、工程造价咨询人)与承包人现场代表就施工过程中涉及的责任事件所作的签认证明。

22)提前竣工(赶工)费。承包人应发包人的要求而采取加快工程进度措施,使合同工程工期缩短,由此产生的应由发包人支付的费用。

23)误期赔偿费。承包人未按照合同工程的计划进度施工,导致实际工期超过合同工期(包括经发包人批准的延长工期),承包人应向发包人赔偿损失的费用。

24)工程设备。指构成或计划构成永久工程一部分的机电设备、金属结构设备、仪器装置及其他类似的设备和装置。

25)利润。承包人完成合同工程获得的盈利。

26)企业定额。施工企业根据本企业的施工技术、机械装备和管理水平而编制的人工、材料和施工机械台班等的消耗标准。

27)规费。根据国家法律、法规规定,由省级政府或省级有关权力部门规定施工企业必须缴纳的,应计入建筑安装工程造价的费用。

28)税金。国家税法规定的应计入建筑安装工程造价内的增值税、城市维护建设税、教育费附加和地方教育附加。

29)发包人。具有工程发包主体资格和支付工程价款能力的当事人以及取得该当事人资格的合法继承人,本规范有时又称招标人。

30)承包人。被发包人接受的具有工程施工承包主体资格的当事人以及取得该当事人资格的合法继承人,本规范有时又称投标人。

31)工程造价咨询人。取得工程造价咨询资质等级证书,接受委托从事建设工程造价咨询活动的当事人以及取得该当事人资格的合法继承人。

32)造价工程师。取得造价工程师注册证书,在一个单位注册、从事建设工程造价活动的专业人员。

33)造价员。取得全国建设工程造价员资格证书,在一个单位注册、从事建设工程造价活动的专业人员。

34)单价项目。工程量清单中以单价计价的项目,即根据合同工程图纸(含设计变更)和相关工程现行国家计量规范规定的工程量计算规则进行计量,与已标价工程量清单相应综合单价进行价款计算的项目。

35)总价项目。工程量清单中以总价计价的项目,即此类项目在相关工程现行国家计量规范中无工程量计算规则,以总价(或计算基础乘费率)计算的项目。

36)工程计量。发承包双方根据合同约定,对承包人完成合同工程的数量进行的计算和确认。

37)工程结算。发承包双方根据合同约定,对合同工程在实施中、终止时、已完工后进行的合同价款计算、调整和确认。包括期中结算、终止结算、竣工结算。

38)招标控制价。招标人根据国家或省级、行业建设主管部门颁发的有关计价依据和办法,以及拟定的招标文件和招标工程量清单,结合工程具体情况编制的招标工程的最高投标限价。

39)投标价。投标人投标时响应招标文件要求所报出的对已标价工程量清单标明的总价。

40)签约合同价(合同价款)。发承包双方在工程合同中约定的工程造价,即包括了分部分项工程费、措施项目费、其他项目费、规费和税金的合同总金额。

41)预付款。在开工前,发包人按照合同约定,预先支付给承包人用于购买合同工程施工所需的材料、工程设备,以及组织施工机械和人员进场等的款项。

42)进度款。在合同工程施工过程中,发包人按照合同约定对付款周期内承包人完成的合同价款给予支付的款项,也是合同价款期中结算支付。

43)合同价款调整。在合同价款调整因素出现后,发承包双方根据合同约定,对合同价款进行变动的提出、计算和确认。

44)竣工结算价。发承包双方依据国家有关法律、法规和标准规定,按照合同约定确定的,包括在履行合同过程中按合同约定进行的合同价款调整,是承包人按合同约定完成了全部承包工作后,发包人应付给承包人的合同总金额。

(3)《计价规范》的一般规定。

1)计价方式的一般规定。

①使用国有资金投资的建设工程发承包,必须采用工程量清单计价。

②非国有资金投资的建设工程,宜采用工程量清单计价。

③不采用工程量清单计价的建设工程,应执行本规范除工程量清单等专门性规定外的其他规定。

④工程量清单应采用综合单价计价。

⑤措施项目中的安全文明施工费必须按国家或省级、行业建设主管部门的规定计算,不得作为竞争性费用。

⑥规费和税金必须按国家或省级、行业建设主管部门的规定计算,不得作为竞争性费用。

2)工程量清单编制的一般规定。

①招标工程量清单应由具有编制能力的招标人或受其委托、具有相应资质的工程造价咨询人或招标代理人编制。

②招标工程量清单必须作为招标文件的组成部分,其准确性和完整性由招标人负责。

③招标工程量清单是工程量清单计价的基础,应作为编制招标控制价、投标报价、计算或调整工程量、施工索赔等的依据之一。

④招标工程量清单应以单位(项)工程为单位编制,由分部分项工程项目清单、措施项目清单、其他项目清单、规费和税金项目清单组成。

3)招标控制价的一般规定。

①国有资金投资的建设工程招标,招标人必须编制招标控制价。

②招标控制价应由具有编制能力的招标人或受其委托具有相应资质的工程造价咨询人编制和复核。

③工程造价咨询人接受招标人委托编制招标控制价,不得再就同一工程接受投标人委托编制投标报价。

④招标控制价按照本规范规定编制,不应上调或下浮。

⑤招标控制价超过批准的概算时,招标人应将其报原概算审批部门审核。

⑥招标人应在发布招标文件时公布招标控制价,同时,应将招标控制价及有关资料报送工程所在地(或有该工程管辖权的行业管理部门)工程造价管理机构备查。

4)投标报价的一般规定。

①投标价应由投标人或受其委托具有相应资质的工程造价咨询人编制。

②除《计价规范》强制性规定外,投标人应依据本规范规定自主确定投标报价。

③投标报价不得低于工程成本。

④投标人必须按招标工程量清单填报价格。项目编码、项目名称、项目特征、计量单

位、工程量必须与招标工程量清单一致。

⑤投标人的投标报价高于招标控制价的应予废标。

5)合同价款约定的一般规定。

①实行招标的工程合同价款应在中标通知书发出之日起 30 日内,由发承包双方依据招标文件和中标人的投标文件在书面合同中约定。合同约定不得违背招、投标文件中关于工期、造价、质量等方面的实质性内容。招标文件与中标人投标文件不一致的地方,以投标文件为准。

②不实行招标的工程合同价款,在发承包双方认可的工程价款基础上,由发承包双方在合同中约定。

③实行工程量清单计价的工程,应采用单价合同。建设规模较小,技术难度较低,工期较短,且施工图设计已审查批准的建设工程可以采用总价合同;紧急抢险、救灾以及施工技术特别复杂的建设工程可以采用成本加酬金合同。

6)竣工结算与支付的一般规定。

①工程完工后,发承包双方必须在合同约定时间内办理工程竣工结算。

②工程竣工结算由承包人或受其委托具有相应资质的工程造价咨询人编制,由发包人或受其委托具有相应资质的工程造价咨询人核对。

③发承包双方或一方对工程造价咨询人出具的竣工结算文件有异议时,可向工程造价管理机构投诉,申请对其进行执业质量鉴定。

④工程造价管理机构对投诉的竣工结算文件进行质量鉴定,参照《计价规范》第 14 章的相关规定进行。

⑤竣工结算办理完毕,发包人应将竣工结算文件报送工程所在地(或有该工程管辖权的行业管理部门)工程造价管理机构备案,竣工结算文件作为工程竣工验收备案、交付使用的必备文件。

⑥合同工程完工后,承包人应在经发承包双方确认的合同工程期中价款结算的基础上,汇总、编制完成竣工结算文件,并在提交竣工验收申请的同时向发包人提交竣工结算文件。

承包人未在合同约定的时间内提交竣工结算文件,经发包人催告后 14 天内仍未提交或没有明确答复,发包人有权根据已有资料编制竣工结算文件,作为办理竣工结算和支付结算款的依据,承包人应予以认可。

⑦发包人应在收到承包人提交的竣工结算文件后的 28 天内核对。发包人经核实,认为承包人还应进一步补充资料和修改结算文件,应在上述时限内向承包人提出核实意见,承包人在收到核实意见后的 28 天内按照发包人提出的合理要求补充资料,修改竣工结算文件,并再次提交给发包人复核后批准。

第二节　工程量计算规范

一、《房屋建筑与装饰工程工程量计算规范》概况

《房屋建筑与装饰工程工程量计算规范》(GB 50854—2013)(以下简称《工程量计算规范》)是规范房屋建筑与装饰工程造价计量行为,统一房屋建筑与装饰工程工程量计算规则、工程量清单的编制方法,适用于房屋建筑与装饰工程发承包及实施阶段工程计量和工程量清单编制的规范性文件。

二、《工程量计算规范》的主要术语

(1) 总则。

1) 制定计量规范的目的。为规范房屋建筑与装饰工程造价计量行为，统一房屋建筑与装饰工程工程量计算规则、工程量清单的编制方法，制定本规范。

2) 计量规范适用范围。本规范适用于工业与民用的房屋建筑与装饰工程发承包及实施阶段计价活动中的工程计量和工程量清单编制。

房屋建筑与装饰工程计价，必须按本规范规定的工程量计算规则进行工程计量。

3) 与其他规范的关系。房屋建筑与装饰工程计量活动，除应遵守本规范外，还应符合国家现行有关标准的规定。

(2) 术语。

1) 工程量计算。指建设工程项目以工程设计图纸、施工组织设计或施工方案及有关技术经济文件为依据，按照相关工程国家标准的计算规则、计量单位等规定，进行工程数量的计算活动，在工程建设中简称工程计量。

2) 房屋建筑。在固定地点，为使用者或占用物提供庇护覆盖以进行生活、生产或其他活动的实体，可分为工业建筑与民用建筑。

3) 工业建筑。提供生产用的各种建筑物，如车间、厂区建筑、动力站、与厂房相连的生活间、厂区内的库房和运输设施等。

4) 民用建筑。非生产性的居住建筑和公共建筑，如住宅、办公楼、幼儿园、学校、食堂、影剧院、商店、体育馆、旅馆、医院、展览馆等。

(3) 一般规定。工程量计算除依据本规范各项规定外，还应依据以下文件：

1) 经审定通过的施工设计图纸及其说明；经审定通过的施工组织设计或施工方案；经审定通过的其他有关技术经济文件。

2) 工程实施过程中的计量应按照现行国家标准《计价规范》的相关规定执行。

3) 本规范附录中有两个或两个以上计量单位的，应结合拟建工程项目的实际情况，确定其中一个为计量单位。同一工程项目的计量单位应一致。

4) 工程计量时每一项目汇总的有效位数应遵守下列规定：

①以"t"为单位，应保留小数点后三位数字，第四位小数四舍五入。

②以"m""m^2""m^3""kg"为单位，应保留小数点后两位数字，第三位小数四舍五入。

③以"个""件""根""组""系统"为单位，应取整数。

5) 本规范各项仅列出了主要工作内容，除另有规定和说明者外，应视为已经包括完成该项目所列或未列的全部工作内容。

三、土石方工程工程量清单项目设置

1. 土方工程

土方工程工程量清单项目设置、项目特征描述的内容、计量单位及工程量计算规则，应按表 5-1 的规定执行。

表 5-1 土方工程(编号：010101)

项目编码	项目名称	项目特征	计量单位	工程量计算规则	工作内容
010101001	平整场地	1. 土壤类别 2. 弃土运距 3. 取土运距	m²	按设计图示尺寸以建筑物首层建筑面积计算	1. 土方挖填 2. 场地找平 3. 运输
010101002	挖一般土方	1. 土壤类别 2. 挖土深度 3. 弃土运距	m³	按设计图示尺寸以体积计算	1. 排地表水 2. 土方开挖 3. 围护(挡土板)及拆除 4. 基底钎探 5. 运输
010101003	挖沟槽土方			按设计图示尺寸以基础垫层底面积乘以挖土深度计算	
010101004	挖基坑土方				
010101005	冻土开挖	1. 冻土厚度 2. 弃土运距		按设计图示尺寸开挖面积乘厚度以体积计算	1. 爆破 2. 开挖 3. 清理 4. 运输
010101006	挖淤泥、流砂	1. 挖掘深度 2. 弃淤泥、流砂距离		按设计图示位置、界限以体积计算	1. 开挖 2. 运输
010101007	管沟土方	1. 土壤类别 2. 管外径 3. 挖沟深度 4. 回填要求	1. m 2. m³	1. 以米计量，按设计图示以管道中心线长度计算 2. 以立方米计量，按设计图示管底垫层面积乘以挖土深度计算；无管底垫层按管外径的水平投影面积乘以挖土深度计算。不扣除各类井的长度，井的土方并入	1. 排地表水 2. 土方开挖 3. 围护(挡土板)、支撑 4. 运输 5. 回填

注：1. 挖土方平均厚度应按自然地面测量标高至设计地坪标高间的平均厚度确定。基础土方开挖深度应按基础垫层底表面标高至交付施工场地标高确定，无交付施工场地标高时，应按自然地面标高确定。
2. 建筑物场地厚度≤±300 mm 的挖、填、运、找平，应按本表中平整场地项目编码列项。厚度＞±300 mm 的竖向布置挖土或山坡切土应按本表中挖一般土方项目编码列项。
3. 沟槽、基坑、一般土方的划分为：沟宽≤7 m 且底长＞3 倍沟宽为沟槽；底长≤3 倍底宽且底面积≤150 m² 为基坑；超出上述范围则为一般土方。
4. 挖土方如需截桩头时，应按桩基工程相关项目列项。
5. 桩间挖土不扣除桩的体积，并在项目特征中加以描述。
6. 弃、取土运距可以不描述，但应注明由投标人根据施工现场实际情况自行考虑，决定报价。
7. 土壤的分类应按《工程量计算规范》表 A.1-1 确定，如土壤类别不能准确划分时，招标人可注明为综合，由投标人根据地勘报告决定报价。
8. 土方体积应按挖掘前的天然密实体积计算。非天然密实土方应按《工程量计算规范》表 A.1-2 折算。
9. 挖沟槽、基坑、一般土方因工作面和放坡增加的工程量(管沟工作面增加的工程量)是否并入各土方工程量中，应按各省、自治区、直辖市或行业建设主管部门的规定实施，如并入各土方工程量中，办理工程结算时，按经发包人认可的施工组织设计规定计算，编制工程量清单时，可按《工程量计算规范》表 A.1-3～表 A.1-5 规定计算。
10. 挖方出现流砂、淤泥时，如设计未明确，在编制工程量清单时，其工程数量可为暂估量，结算时应根据实际情况由发包人与承包人双方现场签证确认工程量。
11. 管沟土方项目适用于管道(给水排水、工业、电力、通信)、光(电)缆沟[包括：人(手)孔、接口坑]及连接井(检查井)等。

2. 石方工程

石方工程工程量清单项目设置、项目特征描述的内容、计量单位及工程量计算规则，应按表 5-2 的规定执行。

表 5-2　石方工程(编号：010102)

项目编码	项目名称	项目特征	计量单位	工程量计算规则	工作内容
010102001	挖一般石方	1. 岩石类别 2. 开凿深度 3. 弃碴运距	m^3	按设计图示尺寸以体积计算	1. 排地表水 2. 凿石 3. 运输
010102002	挖沟槽石方			按设计图示尺寸沟槽底面积乘以挖石深度以体积计算	
010102003	挖基坑石方			按设计图示尺寸基坑底面积乘以挖石深度以体积计算	
010102004	挖管沟石方	1. 岩石类别 2. 管外径 3. 挖沟深度	1. m 2. m^3	1. 以米计量，按设计图示以管道中心线长度计算 2. 以立方米计量，按设计图示截面积乘以长度计算	1. 排地表水 2. 凿石 3. 回填 4. 运输

注：1. 挖石应按自然地面测量标高至设计地坪标高的平均厚度确定。基础石方开挖深度应按基础垫层底表面标高至交付施工现场地标高确定，无交付施工场地标高时，应按自然地面标高确定。
   2. 厚度＞±300 mm 的竖向布置挖石或山坡凿石应按本表中挖一般石方项目编码列项。
   3. 沟槽、基坑、一般石方的划分为：底宽≤7 m 且底长＞3 倍底宽为沟槽；底长＜3 倍底宽且底面积≤150 mm² 为基坑；超出上述范围则为一般石方。
   4. 弃碴运距可以不描述，但应注明由投标人根据施工现场实际情况自行考虑，决定报价。
   5. 岩石的分类应按《工程量计算规范》表 A.2-1 确定。
   6. 石方体积应按挖掘前的天然密实体积计算。非天然密实石方应按《工程量计算规范》表 A.2-2 折算。
   7. 管沟石方项目适用于管道(给水排水、工业、电力、通信)、光(电)缆沟[包括：人(手)孔、接口坑]及连接井(检查井)等。

3. 回填

回填工程量清单项目设置、项目特征描述的内容、计量单位及工程量计算规则，应按表 5-3 的规定执行。

表 5-3　回填(编号：010103)

项目编码	项目名称	项目特征	计量单位	工程量计算规则	工作内容
010103001	回填方	1. 密实度要求 2. 填方材料品种 3. 填方粒径要求 4. 填方来源、运距	m^3	按设计图示尺寸以体积计算 1. 场地回填：回填面积乘平均回填厚度 2. 室内回填：主墙间面积乘回填厚度，不扣除间隔墙 3. 基础回填：按挖方清单项目工程量减去自然地坪以下埋设的基础体积(包括基础垫层及其他构筑物)	1. 运输 2. 回填 3. 压实

续表

项目编码	项目名称	项目特征	计量单位	工程量计算规则	工作内容
010103002	余方弃置	1. 废弃料品种 2. 运距	m³	按挖方清单项目工程量减利用回填方体积(正数)计算	余方点装料运输至弃置点

注：1. 填方密实度要求，在无特殊要求情况下，项目特征可描述为满足设计和规范的要求。
2. 填方材料品种可以不描述，但应注明由投标人根据设计要求验方后方可填入，并符合相关工程的质量规范要求。
3. 填方粒径要求，在无特殊要求情况下，项目特征可以不描述。
4. 如需买土回填应在项目特征填方来源中描述，并注明买土方数量。

四、地基处理与边坡支护工程

1. 地基处理

地基处理工程量清单项目设置、项目特征描述的内容、计量单位及工程量计算规则，应按表 5-4 的规定执行。

表 5-4　地基处理(编号：010201)

项目编码	项目名称	项目特征	计量单位	工程量计算规则	工作内容
010201001	换填垫层	1. 材料种类及配合比 2. 压实系数 3. 掺加剂品种	m³	按设计图示尺寸以体积计算	1. 分层铺填 2. 碾压、振密或夯实 3. 材料运输
010201002	铺设土工合成材料	1. 部位 2. 品种 3. 规格		按设计图示尺寸以面积计算	1. 挖填锚固沟 2. 铺设 3. 固定 4. 运输
010201003	预压地基	1. 排水竖井种类、断面尺寸、排列方式、间距、深度 2. 预压方法 3. 预压荷载、时间 4. 砂垫层厚度	m²	按设计图示处理范围以面积计算	1. 设置排水竖井、盲沟、滤水管 2. 铺设砂垫层、密封膜 3. 堆载、卸载或抽气设备安拆、抽真空 4. 材料运输
010201004	强夯地基	1. 夯击能量 2. 夯击遍数 3. 夯击点布置形式、间距 4. 地耐力要求 5. 夯填材料种类			1. 铺设夯填材料 2. 强夯 3. 夯填材料运输
010201005	振冲密实 (不填料)	1. 地层情况 2. 振密深度 3. 孔距			1. 振冲加密 2. 泥浆运输

续表

项目编码	项目名称	项目特征	计量单位	工程量计算规则	工作内容
010201006	振冲桩（填料）	1. 地层情况 2. 空桩长度、桩长 3. 桩径 4. 填充材料种类	1. m 2. m³	1. 以米计量，按设计图示尺寸以桩长计算 2. 以立方米计量，按设计桩截面乘以桩长以体积计算	1. 振冲成孔、填料、振实 2. 材料运输 3. 泥浆运输
010201007	砂石桩	1. 地层情况 2. 空桩长度、桩长 3. 桩径 4. 成孔方法 5. 材料种类、级配		1. 以米计量，按设计图示尺寸以桩长（包括桩尖）计算 2. 以立方米计量，按设计桩截面乘以桩长（包括桩尖）以体积计算	1. 成孔 2. 填充、振实 3. 材料运输
010201008	水泥粉煤灰碎石桩	1. 地层情况 2. 空桩长度、桩长 3. 桩径 4. 成孔方法 5. 混合料强度等级		按设计图示尺寸以桩长（包括桩尖）计算	1. 成孔 2. 混合料制作、灌注、养护 3. 材料运输
010201009	深层搅拌桩	1. 地层情况 2. 空桩长度、桩长 3. 桩截面尺寸 4. 水泥强度等级、掺量	m	按设计图示尺寸以桩长计算	1. 预搅下钻、水泥浆制作、喷浆搅拌提升成桩 2. 材料运输
010201010	粉喷桩	1. 地层情况 2. 空桩长度、桩长 3. 桩径 4. 粉体种类、掺量 5. 水泥强度等级、石灰粉要求			1. 预搅下钻、喷粉搅拌提升成桩 2. 材料运输
010201011	夯实水泥土桩	1. 地层情况 2. 空桩长度、桩长 3. 桩径 4. 成孔方法 5. 水泥强度等级 6. 混合料配合比		按设计图示尺寸以桩长（包括桩尖）计算	1. 成孔、夯底 2. 水泥土拌和、填料、夯实 3. 材料运输
010201012	高压喷射注浆桩	1. 地层情况 2. 空桩长度、桩长 3. 桩截面 4. 注浆类型、方法 5. 水泥强度等级		按设计图示尺寸以桩长计算	1. 成孔 2. 水泥浆制作、高压喷射注浆 3. 材料运输

续表

项目编码	项目名称	项目特征	计量单位	工程量计算规则	工作内容
010201013	石灰桩	1. 地层情况 2. 空桩长度、桩长 3. 桩径 4. 成孔方法 5. 掺和料种类、配合比	m	按设计图示尺寸以桩长(包括桩尖)计算	1. 成孔 2. 混合料制作、运输、夯填
010201014	灰土(土)挤密桩	1. 地层情况 2. 空桩长度、桩长 3. 桩径 4. 成孔方法 5. 灰土级配			1. 成孔 2. 灰土拌和、运输、填充、夯实
010201015	柱锤冲扩桩	1. 地层情况 2. 空桩长度、桩长 3. 桩径 4. 成孔方法 5. 桩体材料种类、配合比		按设计图示尺寸以桩长计算	1. 安、拔套管 2. 冲孔、填料、夯实 3. 桩体材料制作、运输
010201016	注浆地基	1. 地层情况 2. 空钻深度、注浆深度 3. 注浆间距 4. 浆液种类及配合比 5. 注浆方法 6. 水泥强度等级	1. m 2. m^3	1. 以米计量,按设计图示尺寸以钻孔深度计算 2. 以立方米计量,按设计图示尺寸以加固体积计算	1. 成孔 2. 注浆导管制作、安装 3. 浆液制作、压浆 4. 材料运输
010201017	褥垫层	1. 厚度 2. 材料品种及比例	1. m^2 2. m^3	1. 以平方米计量,按设计图示尺寸以铺设面积计算 2. 以立方米计量,按设计图示尺寸以体积计算	材料拌和、运输、铺设、压实

注：1. 地层情况按《工程量计算规范》表 A.1-1 和表 A.2-1 的规定,并根据岩土工程勘察报告按单位工程各地层所占比例(包括范围值)进行描述。对无法准确描述的地层情况,可注明由投标人根据岩土工程勘察报告自行决定报价。
2. 项目特征中的桩长应包括桩尖,空桩长度=孔深－桩长,孔深为自然地面至设计桩底的深度。
3. 高压喷射注浆类型包括旋喷、摆喷、定喷,高压喷射注浆方法包括单管法、双重管法、三重管法。
4. 如采用泥浆护壁成孔,工作内容包括土方、废泥浆外运,如采用沉管灌注成孔,工作内容包括桩尖制作、安装。

2. 基坑与边坡支护

基坑与边坡支护工程量清单项目设置、项目特征描述的内容、计量单位及工程量计算规则，应按表 5-5 的规定执行。

表 5-5　基坑与边坡支护（编码：010202）

项目编码	项目名称	项目特征	计量单位	工程量计算规则	工作内容
010202001	地下连续墙	1. 地层情况 2. 导墙类型、截面 3. 墙体厚度 4. 成槽深度 5. 混凝土种类、强度等级 6. 接头形式	m³	按设计图示墙中心线长乘以厚度乘以槽深以体积计算	1. 导墙挖填、制作、安装、拆除 2. 挖土成槽、固壁、清底置换 3. 混凝土制作、运输、灌注、养护 4. 接头处理 5. 土方、废泥浆外运 6. 打桩场地硬化及泥浆池、泥浆沟
010202002	咬合灌注桩	1. 地层情况 2. 桩长 3. 桩径 4. 混凝土种类、强度等级 5. 部位	1. m 2. 根	1. 以米计量，按设计图示尺寸以桩长计算 2. 以根计量，按设计图示数量计算	1. 成孔、固壁 2. 混凝土制作、运输、灌注、养护 3. 套管压拔 4. 土方、废泥浆外运 5. 打桩场地硬化及泥浆池、泥浆沟
010202003	圆木桩	1. 地层情况 2. 桩长 3. 材质 4. 尾径 5. 桩倾斜度		1. 以米计量，按设计图示尺寸以桩长（包括桩尖）计算 2. 以根计量，按设计图示数量计算	1. 工作平台搭拆 2. 桩机移位 3. 桩靴安装 4. 沉桩
010202004	预制钢筋混凝土板桩	1. 地层情况 2. 送桩深度、桩长 3. 桩截面 4. 沉桩方法 5. 连接方式 6. 混凝土强度等级			1. 工作平台搭拆 2. 桩机移位 3. 沉桩 4. 板桩连接
010202005	型钢桩	1. 地层情况或部位 2. 送桩深度、桩长 3. 规格型号 4. 桩倾斜度 5. 防护材料种类 6. 是否拔出	1. t 2. 根	1. 以吨计量，按设计图示尺寸以质量计算 2. 以根计量，按设计图示数量计算	1. 工作平台搭拆 2. 桩机移位 3. 打（拔）桩 4. 接桩 5. 刷防护材料

续表

项目编码	项目名称	项目特征	计量单位	工程量计算规则	工作内容
010202006	钢板桩	1. 地层情况 2. 桩长 3. 板桩厚度	1. t 2. m²	1. 以吨计量,按设计图示尺寸以质量计算 2. 以平方米计量,按设计图示墙中心线长乘以桩长以面积计算	1. 工作平台搭拆 2. 桩机移位 3. 打拔钢板桩
010202007	锚杆(锚索)	1. 地层情况 2. 锚杆(索)类型、部位 3. 钻孔深度 4. 钻孔直径 5. 杆体材料品种、规格、数量 6. 预应力 7. 浆液种类、强度等级	1. m 2. 根	1. 以米计量,按设计图示尺寸以钻孔深度计算 2. 以根计量,按设计图示数量计算	1. 钻孔、浆液制作、运输、压浆 2. 锚杆(锚索)制作、安装 3. 张拉锚固 4. 锚杆(锚索)施工平台搭设、拆除
010202008	土钉	1. 地层情况 2. 钻孔深度 3. 钻孔直径 4. 置入方法 5. 杆体材料品种、规格、数量 6. 浆液种类、强度等级			1. 钻孔、浆液制作、运输、压浆 2. 土钉制作、安装 3. 土钉施工平台搭设、拆除
010202009	喷射混凝土、水泥砂浆	1. 部位 2. 厚度 3. 材料种类 4. 混凝土(砂浆)类别、强度等级	m²	按设计图示尺寸以面积计算	1. 修整边坡 2. 混凝土(砂浆)制作、运输、喷射、养护 3. 钻排水孔、安装排水管 4. 喷射施工平台搭设、拆除
010202010	钢筋混凝土支撑	1. 部位 2. 混凝土种类 3. 混凝土强度等级	m³	按设计图示尺寸以体积计算	1. 模板(支架或支撑)制作、安装、拆除、堆放、运输及清理模内杂物、刷隔离剂等 2. 混凝土制作、运输、浇筑、振捣、养护

续表

项目编码	项目名称	项目特征	计量单位	工程量计算规则	工作内容
010202011	钢支撑	1. 部位 2. 钢材品种、规格 3. 探伤要求	t	按设计图示尺寸以质量计算。不扣除孔眼质量，焊条、铆钉、螺栓等不另增加质量	1. 支撑、铁件制作（摊销、租赁） 2. 支撑、铁件安装 3. 探伤 4. 刷漆 5. 拆除 6. 运输

注：1. 地层情况按《工程量计算规范》表 A.1-1 和表 A.2-1 的规定，并根据岩土工程勘察报告按单位工程各地层所占比例（包括范围值）进行描述。对无法准确描述的地层情况，可注明由投标人根据岩土工程勘察报告自行决定报价。
  2. 土钉置入方法包括钻孔置入、打入或射入等。
  3. 混凝土种类：指清水混凝土、彩色混凝土等，如在同一地区既使用预拌（商品）混凝土，又允许现场搅拌混凝土时，也应注明（下同）。
  4. 地下连续墙和喷射混凝土（砂浆）的钢筋网、咬合灌注桩的钢筋笼及钢筋混凝土支撑的钢筋制作、安装，按《工程量计算规范》附录 E 中相关项目列项。本分部未列的基坑与边坡支护的排桩按《工程量计算规范》附录 C 中相关项目列项。水泥土墙、坑内加固按《工程量计算规范》表 B.1 中相关项目列项。砖、石挡土墙、护坡按《工程量计算规范》附录 D 中相关项目列项。混凝土挡土墙按《工程量计算规范》附录 E 中相关项目列项。

五、桩基工程

1. 打桩

打桩工程量清单项目设置、项目特征描述的内容、计量单位及工程量计算规则，应按表 5-6 的规定执行。

表 5-6 打桩（编号：010301）

项目编码	项目名称	项目特征	计量单位	工程量计算规则	工作内容
010301001	预制钢筋混凝土方桩	1. 地层情况 2. 送桩深度、桩长 3. 桩截面 4. 桩倾斜度 5. 沉桩方法 6. 接桩方式 7. 混凝土强度等级	1. m 2. m³ 3. 根	1. 以米计量，按设计图示尺寸以桩长（包括桩尖）计算 2. 以立方米计量，按设计图示截面积乘以桩长（包括桩尖）以实体积计算 3. 以根计量，按设计图示数量计算	1. 工作平台搭拆 2. 桩机竖拆、移位 3. 沉桩 4. 接桩 5. 送桩
010301002	预制钢筋混凝土管桩	1. 地层情况 2. 送桩深度、桩长 3. 桩外径、壁厚 4. 桩倾斜度 5. 沉桩方法 6. 桩尖类型 7. 混凝土强度等级 8. 填充材料种类 9. 防护材料种类			1. 工作平台搭拆 2. 桩机竖拆、移位 3. 沉桩 4. 接桩 5. 送桩 6. 桩尖制作安装 7. 填充材料、刷防护材料

续表

项目编码	项目名称	项目特征	计量单位	工程量计算规则	工作内容
010301003	钢管桩	1. 地层情况 2. 送桩深度、桩长 3. 材质 4. 管径、壁厚 5. 桩倾斜度 6. 沉桩方法 7. 填充材料种类 8. 防护材料种类	1. t 2. 根	1. 以吨计量,按设计图示尺寸以质量计算 2. 以根计量,按设计图示数量计算	1. 工作平台搭拆 2. 桩机竖拆、移位 3. 沉桩 4. 接桩 5. 送桩 6. 切割钢管、精割盖帽 7. 管内取土 8. 填充材料、刷防护材料
010301004	截(凿)桩头	1. 桩类型 2. 桩头截面、高度 3. 混凝土强度等级 4. 有无钢筋	1. m³ 2. 根	1. 以立方米计量,按设计桩截面乘以桩头长度以体积计算 2. 以根计量,按设计图示数量计算	1. 截(切割)桩头 2. 凿平 3. 废料外运

注:1. 地层情况按《工程量计算规范》表 A.1-1 和表 A.2-1 的规定,并根据岩土工程勘察报告按单位工程各地层所占比例(包括范围值)进行描述。对无法准确描述的地层情况,可注明由投标人根据岩土工程勘察报告自行决定报价。
2. 项目特征中的桩截面、混凝土强度等级、桩类型等可直接用标准图代号或设计桩型进行描述。
3. 预制钢筋混凝土方桩、预制钢筋混凝土管桩项目以成品桩编制,应包括成品桩购置费,如果用现场预制,应包括现场预制桩的所有费用。
4. 打试验桩和打斜桩应按相应项目单独列项,并应在项目特征中注明试验桩或斜桩(斜率)。
5. 截(凿)桩头项目适用于《工程量计算规范》附录 B、附录 C 所列桩的桩头截(凿)。
6. 预制钢筋混凝土管桩桩顶与承台的连接构造按《工程量计算规范》附录 E 相关项目列项。

2. 灌注桩

灌注桩工程量清单项目设置、项目特征描述的内容、计量单位及工程量计算规则,应按表 5-7 的规定执行。

表 5-7 灌注桩(编号:010302)

项目编码	项目名称	项目特征	计量单位	工程量计算规则	工作内容
010302001	泥浆护壁成孔灌注桩	1. 地层情况 2. 空桩长度、桩长 3. 桩径 4. 成孔方法 5. 护筒类型、长度 6. 混凝土种类、强度等级	1. m 2. m³ 3. 根	1. 以米计量,按设计图示尺寸以桩长(包括桩尖)计算 2. 以立方米计量,按不同截面在桩上范围内以体积计算 3. 以根计量,按设计图示数量计算	1. 护筒埋设 2. 成孔、固壁 3. 混凝土制作、运输、灌注、养护 4. 土方、废泥浆外运 5. 打桩场地硬化及泥浆池、泥浆沟
010302002	沉管灌注桩	1. 地层情况 2. 空桩长度、桩长 3. 复打长度 4. 桩径 5. 沉管方法 6. 桩尖类型 7. 混凝土种类、强度等级			1. 打(沉)拔钢管 2. 桩尖制作、安装 3. 混凝土制作、运输、灌注、养护

续表

项目编码	项目名称	项目特征	计量单位	工程量计算规则	工作内容
010302003	干作业成孔灌注桩	1. 地层情况 2. 空桩长度、桩长 3. 桩径 4. 扩孔直径、高度 5. 成孔方法 6. 混凝土种类、强度等级	1. m 2. m³ 3. 根	1. 以米计量，按设计图示尺寸以桩长（包括桩尖）计算 2. 以立方米计量，按不同截面在桩上范围内以体积计算 3. 以根计量，按设计图示数量计算	1. 成孔、扩孔 2. 混凝土制作、运输、灌注、振捣、养护
010302004	挖孔桩土（石）方	1. 地层情况 2. 挖孔深度 3. 弃土（石）运距	m³	按设计图示尺寸（含护壁）截面面积乘以挖孔深度以立方米计算	1. 排地表水 2. 挖土、凿石 3. 基底钎探 4. 运输
010302005	人工挖孔灌注桩	1. 桩芯长度 2. 桩芯直径、扩底直径、扩底高度 3. 护壁厚度、高度 4. 护壁混凝土种类、强度等级 5. 桩芯混凝土种类、强度等级	1. m³ 2. 根	1. 以立方米计量，按桩芯混凝土体积计算 2. 以根计量，按设计图示数量计算	1. 护壁制作 2. 混凝土制作、运输、灌注、振捣、养护
010302006	钻孔压浆桩	1. 地层情况 2. 空钻长度、桩长 3. 钻孔直径 4. 水泥强度等级	1. m 2. 根	1. 以米计量，按设计图示尺寸以桩长计算 2. 以根计量，按设计图示数量计算	钻孔、下注浆管、投放集料、浆液制作、运输、压浆
010302007	灌注桩后压浆	1. 注浆导管材料、规格 2. 注浆导管长度 3. 单孔注浆量 4. 水泥强度等级	孔	按设计图示以注浆孔数计算	1. 注浆导管制作、安装 2. 浆液制作、运输、压浆

注：1. 地层情况按《工程量计算规范》表 A.1-1 和表 A.2-1 的规定，并根据岩土工程勘察报告按单位工程各地层所占比例（包括范围值）进行描述。对无法准确描述的地层情况，可注明由投标人根据岩土工程勘察报告自行决定报价。
2. 项目特征中的桩长应包括桩尖，空桩长度=孔深－桩长，孔深为自然地面至设计桩底的深度。
3. 项目特征中的桩截面（桩径）、混凝土强度等级、桩类型等可直接用标准图代号或设计桩型进行描述。
4. 泥浆护壁成孔灌注桩是指在泥浆护壁条件下成孔，采用水下灌注混凝土的桩。其成孔方法包括冲击钻成孔、冲抓锥成孔、回旋钻成孔、潜水钻成孔、泥浆护壁的旋挖成孔等。
5. 沉管灌注桩的沉管方法包括锤击沉管法、振动沉管法、振动冲击沉管法、内夯沉管法等。
6. 干作业成孔灌注桩是指不用泥浆护壁和套管护壁的情况下，用钻机成孔后，下钢筋笼，灌注混凝土的桩，适用于地下水水位以上的土层使用。其成孔方法包括螺旋钻成孔、螺旋钻成孔扩底、干作业的旋挖成孔等。
7. 混凝土种类：指清水混凝土、彩色混凝土、水下混凝土等，如在同一地区既使用预拌（商品）混凝土，又允许现场搅拌混凝土时，也应注明（下同）。
8. 混凝土灌注桩的钢筋笼制作、安装，按《工程量计算规范》附录 E 中相关项目编码列项。

六、砌筑工程

1. 砖砌体

砖砌体工程量清单项目设置、项目特征描述的内容、计量单位及工程量计算规则,应按表 5-8 的规定执行。

表 5-8　砖砌体(编号:010401)

项目编码	项目名称	项目特征	计量单位	工程量计算规则	工作内容
010401001	砖基础	1. 砖品种、规格、强度等级 2. 基础类型 3. 砂浆强度等级 4. 防潮层材料种类	m³	按设计图示尺寸以体积计算 包括附墙垛基础宽出部分体积,扣除地梁(圈梁)、构造柱所占体积,不扣除基础大放脚T形接头处的重叠部分及嵌入基础内的钢筋、铁件、管道、基础砂浆防潮层和单个面积≤0.3 m²的孔洞所占体积,靠墙暖气沟的挑檐不增加。基础长度:外墙按外墙中心线,内墙按内墙净长线计算	1. 砂浆制作、运输 2. 砌砖 3. 防潮层铺设 4. 材料运输
010401002	砖砌挖孔桩护壁	1. 砖品种、规格、强度等级 2. 砂浆强度等级		按设计图示尺寸以立方米计算	1. 砂浆制作、运输 2. 砌砖 3. 材料运输
010401003	实心砖墙	1. 砖品种、规格、强度等级 2. 墙体类型 3. 砂浆强度等级、配合比		按设计图示尺寸以体积计算。 扣除门窗、洞口、嵌入墙内的钢筋混凝土柱、梁、圈梁、挑梁、过梁及凹进墙内的壁龛、管槽、暖气槽、消火栓箱所占体积,不扣除梁头、板头、檩头、垫木、木楞头、沿缘木、木砖、门窗走头、砖墙内加固钢筋、木筋、铁件、钢管及单个面积≤0.3 m²的孔洞所占的体积。凸出墙面的腰线、挑檐、压顶、窗台线、虎头砖、门窗套的体积也不增加。凸出墙面的砖垛并入墙体体积内计算 1. 墙长度:外墙按中心线、内墙按净长计算; 2. 墙高度: (1)外墙:斜(坡)屋面无檐口天棚者算至屋面板底;有屋架且室内外均有天棚者算至屋架下弦底另加 200 mm;无天棚者算至屋架下弦底另加 300 mm,出檐宽度超过 600 mm 时按实砌高度计算;与钢筋混凝土楼板隔层者算至板顶。平屋顶算至钢筋混凝土板底	1. 砂浆制作、运输 2. 砌砖 3. 刮缝 4. 砖压顶砌筑 5. 材料运输
010401004	多孔砖墙				

续表

项目编码	项目名称	项目特征	计量单位	工程量计算规则	工作内容
010401005	空心砖墙	1. 砖品种、规格、强度等级 2. 墙体类型 3. 砂浆强度等级、配合比		(2)内墙：位于屋架下弦者，算至屋架下弦底；无屋架者算至天棚底另加100 mm；有钢筋混凝土楼板隔层者算至楼板顶；有框架梁时算至梁底 (3)女儿墙：从屋面板上表面算至女儿墙顶面（如有混凝土压顶时算至压顶下表面） (4)内、外山墙：按其平均高度计算 3. 框架间墙：不分内外墙按墙体净尺寸以体积计算 4. 围墙：高度算至压顶上表面（如有混凝土压顶时算至压顶下表面），围墙柱并入围墙体积内	1. 砂浆制作、运输 2. 砌砖 3. 刮缝 4. 砖压顶砌筑 5. 材料运输
010401006	空斗墙	1. 砖品种、规格、强度等级 2. 墙体类型 3. 砂浆强度等级、配合比	m³	按设计图示尺寸以空斗墙外形体积计算。墙角、内外墙交接处、门窗洞口立边、窗台砖、屋檐处的实砌部分体积并入空斗墙体积内	1. 砂浆制作、运输 2. 砌砖 3. 装填充料 4. 刮缝 5. 材料运输
010401007	空花墙			按设计图示尺寸以空花部分外形体积计算，不扣除空洞部分体积	
010401008	填充墙	1. 砖品种、规格强度等级 2. 墙体类型 3. 填充材料种类及厚度 4. 砂浆强度等级、配合比		按设计图示尺寸以填充墙外形体积计算	
010401009	实心砖柱	1. 砖品种、规格、强度等级 2. 柱类型 3. 砂浆强度等级、配合比		按设计图示尺寸以体积计算。扣除混凝土及钢筋混凝土梁垫、梁头、板头所占体积	1. 砂浆制作、运输 2. 砌砖 3. 刮缝 4. 材料运输
010401010	多孔砖柱				
010401011	砖检查井	1. 井截面、深度 2. 砖品种、规格、强度等级 3. 垫层材料种类、厚度 4. 底板厚度 5. 井盖安装 6. 混凝土强度等级 7. 砂浆强度等级 8. 防潮层材料种类	座	按设计图示数量计算	1. 砂浆制作、运输 2. 铺设垫层 3. 底板混凝土制作、运输、浇筑、振捣、养护 4. 砌砖 5. 刮缝 6. 井池底、壁抹灰 7. 抹防潮层 8. 材料运输

续表

项目编码	项目名称	项目特征	计量单位	工程量计算规则	工作内容
010401012	零星砌砖	1. 零星砌砖名称、部位 2. 砖品种、规格、强度等级 3. 砂浆强度等级、配合比	1. m³ 2. m² 3. m 4. 个	1. 以立方米计量，按设计图示尺寸截面积乘以长度计算 2. 以平方米计量，按设计图示尺寸水平投影面积计算 3. 以米计量，按设计图示尺寸长度计算 4. 以个计量，按设计图示数量计算	1. 砂浆制作、运输 2. 砌砖 3. 刮缝 4. 材料运输
010401013	砖散水、地坪	1. 砖品种、规格、强度等级 2. 垫层材料种类、厚度 3. 散水、地坪厚度 4. 面层种类、厚度 5. 砂浆强度等级	m²	按设计图示尺寸以面积计算	1. 土方挖、运、填 2. 地基找平、夯实 3. 铺设垫层 4. 砌砖散水、地坪 5. 抹砂浆面层
010401014	砖地沟、明沟	1. 砖品种、规格、强度等级 2. 沟截面尺寸 3. 垫层材料种类、厚度 4. 混凝土强度等级 5. 砂浆强度等级	m	以米计量，按设计图示以中心线长度计算	1. 土方挖、运、填 2. 铺设垫层 3. 底板混凝土制作、运输、浇筑、振捣、养护 4. 砌砖 5. 刮缝、抹灰 6. 材料运输

注：1. "砖基础"项目适用于各种类型砖基础：柱基础、墙基础、管道基础等。
2. 基础与墙(柱)身使用同一种材料时，以设计室内地面为界(有地下室者，以地下室室内设计地面为界)，以下为基础，以上为墙(柱)身。基础与墙身使用不同材料时，位于设计室内地面高度≤±300 mm时，以不同材料为分界线，高度＞±300 mm时，以设计室内地面为分界线。
3. 砖围墙以设计室外地坪为界，以下为基础，以上为墙身。
4. 框架外表面的镶贴砖部分，按零星项目编码列项。
5. 附墙烟囱、通风道、垃圾道，应按设计图示尺寸以体积(扣除孔洞所占体积)计算并入所依附的墙体体积内。当设计规定孔洞内需抹灰时，应按《工程量计算规范》附录M中零星抹灰项目编码列项。
6. 空斗墙的窗间墙、窗台下、楼板下、梁头下等的实砌部分，按零星砌砖项目编码列项。
7. "空花墙"项目适用于各种类型的空花墙，使用混凝土花格砌筑的空花墙，实砌墙体与混凝土花格应分别计算，混凝土花格按混凝土及钢筋混凝土中预制构件相关项目编码列项。
8. 台阶、台阶挡墙、梯带、锅台、炉灶、蹲台、池槽、池槽腿、砖胎模、花台、花池、楼梯栏板、阳台栏板、地垄墙、≤0.3 m²的孔洞填塞等，应按零星砌砖项目编码列项。砖砌锅台与炉灶可按外形尺寸以个计算，砖砌台阶可按水平投影面积以平方米计算，小便槽、地垄墙可按长度计算、其他工程量按立方米计算。
9. 砖砌体内钢筋加固，应按《工程量计算规范》附录E中相关项目编码列项。
10. 砖砌体勾缝按《工程量计算规范》附录M中相关项目编码列项。
11. 检查井内的爬梯按《工程量计算规范》附录E中相关项目编码列项；井内的混凝土构件按附录E中混凝土及钢筋混凝土预制构件编码列项。
12. 如施工图设计标注做法见标准图集时，应注明标注图集的编码、页号及节点大样。

2. 砌块砌体

砌块砌体工程量清单项目设置、项目特征描述的内容、计量单位及工程量计算规则，应按表5-9的规定执行。

表 5-9 砌块砌体(编号：010402)

项目编码	项目名称	项目特征	计量单位	工程量计算规则	工作内容
010402001	砌块墙	1. 砌块品种、规格、强度等级 2. 墙体类型 3. 砂浆强度等级	m³	按设计图示尺寸以体积计算 扣除门窗、洞口、嵌入墙内的钢筋混凝土柱、梁、圈梁、挑梁、过梁及凹进墙内的壁龛、管槽、暖气槽、消火栓箱所占体积，不扣除梁头、板头、檩头、垫木、木楞头、沿缘木、木砖、门窗走头、砌块墙内加固钢筋、木筋、铁件、钢管及单个面积≤0.3 m²的孔洞所占的体积。凸出墙面的腰线、挑檐、压顶、窗台线、虎头砖、门窗套的体积也不增加。凸出墙面的砖垛并入墙体体积内计算。 1. 墙长度：外墙按中心线、内墙按净长计算 2. 墙高度： (1)外墙：斜(坡)屋面无檐口天棚者算至屋面板底；有屋架且室内外均有天棚者算至屋架下弦底另加 200 mm；无天棚者算至屋架下弦底另加 300 mm，出檐宽度超过 600 mm 时按实砌高度计算；与钢筋混凝土楼板隔层者算至板顶；平屋面算至钢筋混凝土板底 (2)内墙：位于屋架下弦者，算至屋架下弦底；无屋架者算至天棚底另加 100 mm；有钢筋混凝土楼板隔层者算至楼板顶；有框架梁时算至梁底 (3)女儿墙：从屋面板上表面算至女儿墙顶面(如有混凝土压顶时算至压顶下表面)。 (4)内、外山墙：按其平均高度计算 3. 框架间墙：不分内外墙按墙体净尺寸以体积计算 4. 围墙：高度算至压顶上表面(如有混凝土压顶时算至压顶下表面)，围墙柱并入围墙体积内	1. 砂浆制作、运输 2. 砌砖、砌块 3. 勾缝 4. 材料运输
010402002	砌块柱			按设计图示尺寸以体积计算。扣除混凝土及钢筋混凝土梁垫、梁头、板头所占体积	

注：1. 砌体内加筋、墙体拉结的制作、安装，应按《工程量计算规范》附录 E 中相关项目编码列项。
2. 砌块排列应上、下错缝搭砌，如果搭错缝长度满足不了规定的压搭要求，应采取压砌钢筋网片的措施，具体构造要求按设计规定。若设计无规定时，应注明由投标人根据工程实际情况自行考虑；钢筋网片按《工程量计算规范》附录 F 中相应编码列项。
3. 砌体垂直灰缝宽>30 mm 时，采用 C20 细石混凝土灌实。灌注的混凝土应按《工程量计算规范》附录 E 相关项目编码列项。

3. 石砌体

石砌体工程量清单项目设置、项目特征描述的内容、计量单位及工程量计算规则，应按表 5-10 的规定执行。

表 5-10 石砌体(编号：010403)

项目编码	项目名称	项目特征	计量单位	工程量计算规则	工作内容
010403001	石基础	1. 石料种类、规格 2. 基础类型 3. 砂浆强度等级		按设计图示尺寸以体积计算 包括附墙垛基础宽出部分体积，不扣除基础砂浆防潮层及单个面积≤0.3 m²的孔洞所占体积，靠墙暖气沟的挑檐不增加体积。基础长度：外墙按中心线，内墙按净长计算	1. 砂浆制作、运输 2. 吊装 3. 砌石 4. 防潮层铺设 5. 材料运输
010403002	石勒脚			按设计图示尺寸以体积计算，扣除单个面积＞0.3 m²的孔洞所占的体积。	
010403003	石墙	1. 石料种类、规格 2. 石表面加工要求 3. 勾缝要求 4. 砂浆强度等级、配合比	m³	按设计图示尺寸以体积计算 扣除门窗、洞口、嵌入墙内的钢筋混凝土柱、梁、圈梁、挑梁、过梁及凹进墙内的壁龛、管槽、暖气槽、消火栓箱所占体积，不扣除梁头、板头、檩头、垫木、木楞头、沿缘木、木砖、门窗走头、石墙内加固钢筋、木筋、铁件、钢管及单个面积≤0.3 m²的孔洞所占的体积。凸出墙面的腰线、挑檐、压顶、窗台线、虎头砖、门窗套的体积也不增加。凸出墙面的砖垛并入墙体体积内计算 1. 墙长度：外墙按中心线、内墙按净长计算 2. 墙高度： (1)外墙：斜(坡)屋面无檐口天棚者算至屋面板底；有屋架且室内外均有天棚者算至屋架下弦底另加 200 mm；无天棚者算至屋架下弦底另加 300 mm，出檐宽度超过 600 mm 时按实砌高度计算；有钢筋混凝土楼板隔层者算至板顶；平屋顶算至钢筋混凝土板底 (2)内墙：位于屋架下弦者，算至屋架下弦底；无屋架者算至天棚底另加 100 mm；有钢筋混凝土楼板隔层者算至楼板顶；有框架梁时算至梁底 (3)女儿墙：从屋面板上表面算至女儿墙顶面(如有混凝土压顶算至压顶下表面) (4)内、外山墙：按其平均高度计算 3. 围墙：高度算至压顶上表面(如有混凝土压顶算至压顶下表面)，围墙柱并入围墙体积内	1. 砂浆制作、运输 2. 吊装 3. 砌石 4. 石表面加工 5. 勾缝 6. 材料运输
010403004	石挡土墙			按设计图示尺寸以体积计算	1. 砂浆制作、运输 2. 吊装 3. 砌石 4. 变形缝、泄水孔、压顶抹灰 5. 滤水层 6. 勾缝 7. 材料运输

续表

项目编码	项目名称	项目特征	计量单位	工程量计算规则	工作内容
010403005	石柱	1. 石料种类、规格 2. 石表面加工要求 3. 勾缝要求 4. 砂浆强度等级、配合比	m	按设计图示以长度计算	1. 砂浆制作、运输 2. 吊装 3. 砌石 4. 石表面加工 5. 勾缝 6. 材料运输
010403006	石栏杆				
010403007	石护坡	1. 垫层材料种类、厚度、 2. 石料种类、规格 3. 护坡厚度、高度 4. 石表面加工要求 5. 勾缝要求 6. 砂浆强度等级、配合比	m^3	按设计图示尺寸以体积计算	1. 铺设垫层 2. 石料加工 3. 砂浆制作、运输 4. 砌石 5. 石表面加工 6. 勾缝 7. 材料运输
010403008	石台阶				
010403009	石坡道		m^2	按设计图示以水平投影面积计算	
010403010	石地沟、明沟	1. 沟截面尺寸 2. 土壤类别、运距 3. 垫层材料种类、厚度 4. 石料种类、规格 5. 石表面加工要求 6. 勾缝要求 7. 砂浆强度等级、配合比	m	按设计图示以中心线长度计算	1. 土方挖、运 2. 砂浆制作、运输 3. 铺设垫层 4. 砌石 5. 石表面加工 6. 勾缝 7. 回填 8. 材料运输

注：1. 石基础、石勒脚、石墙的划分：基础与勒脚应以设计室外地坪为界。勒脚与墙身应以设计室内地面为界。石围墙内外地坪标高不同时，应以较低地坪标高为界，以下为基础；内外标高之差为挡土墙时，挡土墙以上为墙身。
2. "石基础"项目适用于各种规格（粗料石、细料石等）、各种材质（砂石、青石等）和各种类型（柱基、墙基、直形、弧形等）基础。
3. "石勒脚""石墙"项目适用于各种规格（粗料石、细料石等）、各种材质（砂石、青石、大理石、花岗石等）和各种类型（直形、弧形等）勒脚和墙体。
4. "石挡土墙"项目适用于各种规格（粗料石、细料石、块石、毛石、卵石等）、各种材质（砂石、青石、石灰石等）和各种类型（直形、弧形、台阶形等）挡土墙。
5. "石柱"项目适用于各种规格、各种石质、各种类型的石柱。
6. "石栏杆"项目适用于无雕饰的一般石栏杆。
7. "石护坡"项目适用于各种石质和各种石料（粗料石、细料石、片石、块石、毛石、卵石等）。
8. "石台阶"项目包括石梯带（垂带），不包括石梯膀，石梯膀应按《工程量计算规范》附录C石挡土墙项目编码列项。
9. 如施工图设计标注做法见标准图集时，应在项目特征描述中注明标注图集的编码、页号及节点大样。

4. 垫层

垫层工程量清单项目设置、项目特征描述的内容、计量单位及工程量计算规则,应按表 5-11 的规定执行。

表 5-11 垫层(编号:010404)

项目编码	项目名称	项目特征	计量单位	工程量计算规则	工作内容
010404001	垫层	垫层材料种类、配合比、厚度	m³	按设计图示尺寸以立方米计算	1. 垫层材料的拌制 2. 垫层铺设 3. 材料运输

注:除混凝土垫层应按《工程量计算规范》附录 E 中相关项目编码列项外,没有包括垫层要求的清单项目应按本表垫层项目编码列项。

七、混凝土及钢筋混凝土工程

1. 现浇混凝土基础

现浇混凝土基础工程量清单项目设置、项目特征描述的内容、计量单位、工程量计算规则应按表 5-12 的规定执行。

表 5-12 现浇混凝土基础(编号:010501)

项目编码	项目名称	项目特征	计量单位	工程量计算规则	工作内容
010501001	垫层	1. 混凝土种类 2. 混凝土强度等级	m³	按设计图示尺寸以体积计算。不扣除伸入承台基础的桩头所占体积	1. 模板及支撑制作、安装、拆除、堆放、运输及清理模内杂物、刷隔离剂等 2. 混凝土制作、运输、浇筑、振捣、养护
010501002	带形基础				
010501003	独立基础				
010501004	满堂基础				
010501005	桩承台基础				
010501006	设备基础	1. 混凝土种类 2. 混凝土强度等级 3. 灌浆材料及其强度等级			

注:1. 有肋带形基础、无肋带形基础应按本表中相关项目列项,并注明肋高。
  2. 箱式满堂基础中柱、梁、墙、板按表 5-13、表 5-14、表 5-15、表 5-16 相关项目分别编码列项;箱式满堂基础底板按本表的满堂基础项目列项。
  3. 框架式设备基础中柱、梁、墙、板分别按表 5-13、表 5-14、表 5-15、表 5-16 相关项目编码列项;基础部分按本表相关项目编码列项。
  4. 如为毛石混凝土基础,项目特征应描述毛石所占比例。

2. 现浇混凝土柱

现浇混凝土柱工程量清单项目设置、项目特征描述的内容、计量单位、工程量计算规则应按表 5-13 的规定执行。

表 5-13　现浇混凝土柱(编号：010502)

项目编码	项目名称	项目特征	计量单位	工程量计算规则	工作内容
010502001	矩形柱	1. 混凝土种类 2. 混凝土强度等级	m³	按设计图示尺寸以体积计算 柱高： 1. 有梁板的柱高，应自柱基上表面(或楼板上表面)至上一层楼板上表面之间的高度计算 2. 无梁板的柱高，应自柱基上表面(或楼板上表面)至柱帽下表面之间的高度计算 3. 框架柱的柱高：应自柱基上表面至柱顶高度计算 4. 构造柱按全高计算，嵌接墙体部分(马牙槎)并入柱身体积 5. 依附柱上的牛腿和升板的柱帽，并入柱身体积计算	1. 模板及支架(撑)制作、安装、拆除、堆放、运输及清理模内杂物、刷隔离剂等 2. 混凝土制作、运输、浇筑、振捣、养护
010502002	构造柱				
010502003	异形柱	1. 柱形状 2. 混凝土类别 3. 混凝土强度等级			

注：混凝土种类：指清水混凝土、彩色混凝土等，如在同一地区既使用预拌(商品)混凝土、又允许现场搅拌混凝土时，也应注明。

3. 现浇混凝土梁

现浇混凝土梁工程量清单项目设置、项目特征描述的内容、计量单位、工程量计算规则应按表 5-14 的规定执行。

表 5-14　现浇混凝土梁(编号：010503)

项目编码	项目名称	项目特征	计量单位	工程量计算规则	工作内容
010503001	基础梁	1. 混凝土种类 2. 混凝土强度等级	m³	按设计图示尺寸以体积计算。伸入墙内的梁头、梁垫并入梁体积内 梁长： 1. 梁与柱连接时，梁长算至柱侧面 2. 主梁与次梁连接时，次梁长算至主梁侧面	1. 模板及支架(撑)制作、安装、拆除、堆放、运输及清理模内杂物、刷隔离剂等 2. 混凝土制作、运输、浇筑、振捣、养护
010503002	矩形梁				
010503003	异形梁				
010503004	圈梁				
010503005	过梁				
010503006	弧形、拱形梁				

4. 现浇混凝土墙

现浇混凝土墙工程量清单项目设置、项目特征描述的内容、计量单位、工程量计算规则应按表 5-15 的规定执行。

表 5-15 现浇混凝土墙(编号:010504)

项目编码	项目名称	项目特征	计量单位	工程量计算规则	工作内容
010504001	直形墙	1. 混凝土种类 2. 混凝土强度等级	m³	按设计图示尺寸以体积计算 扣除门窗洞口及单个面积>0.3 m²的孔洞所占体积,墙垛及凸出墙面部分并入墙体体积计算内。	1. 模板及支架(撑)制作、安装、拆除、堆放、运输及清理模内杂物、刷隔离剂等 2. 混凝土制作、运输、浇筑、振捣、养护
010504002	弧形墙				
010504003	短肢剪力墙				
010504004	挡土墙				

注:短肢剪力墙是指截面厚度不大于 300 mm 各肢截面高度与厚度之比的最大值大于 4 但不大于 8 的剪力墙;各肢截面的高度与厚度之比的最大值不大于 4 的剪力墙按柱项目编码列项。

5. 现浇混凝土板

现浇混凝土板工程量清单项目设置、项目特征描述的内容、计量单位、工程量计算规则应按表 5-16 的规定执行。

表 5-16 现浇混凝土板(编号:010505)

项目编码	项目名称	项目特征	计量单位	工程量计算规则	工作内容
010505001	有梁板	1. 混凝土种类 2. 混凝土强度等级	m³	按设计图示尺寸以体积计算,不扣除单个面积≤0.3 m²的柱、垛以及孔洞所占体积 压形钢板混凝土楼板扣除构件内压形钢板所占体积 有梁板(包括主、次梁与板)按梁、板体积之和计算,无梁板按板和柱帽体积之和计算,各类板伸入墙内的板头并入板体积内,薄壳板的肋、基梁并入薄壳体积内计算	1. 模板及支架(撑)制作、安装、拆除、堆放、运输及清理模内杂物、刷隔离剂等 2. 混凝土制作、运输、浇筑、振捣、养护
010505002	无梁板				
010505003	平板				
010505004	拱板				
010505005	薄壳板				
010505006	栏板				
010505007	天沟(檐沟)、挑檐板			按设计图示尺寸以体积计算	
010505008	雨篷、悬挑板、阳台板			按设计图示尺寸以墙外部分体积计算。包括伸出墙外的牛腿和雨篷反挑檐的体积	
010505009	空心板			按设计图示以体积计算。空心板(GBF 高强薄壁蜂巢芯板等)应扣除空心部分体积	
0105050010	其他板			按设计图示尺寸以体积计算	

注:现浇挑檐、天沟板、雨篷、阳台与板(包括屋面板、楼板)连接时,以外墙外边线为分界线;与圈梁(包括其他梁)连接时,以梁外边线为分界线。外边线以外为挑檐、天沟、雨篷或阳台。

6. 现浇混凝土楼梯

现浇混凝土楼梯工程量清单项目设置、项目特征描述的内容、计量单位、工程量计算规则应按表5-17的规定执行。

表5-17 现浇混凝土楼梯(编号：010506)

项目编码	项目名称	项目特征	计量单位	工程量计算规则	工作内容
010506001	直形楼梯	1. 混凝土种类 2. 混凝土强度等级	1. m² 2. m³	1. 以平方米计量，按设计图示尺寸以水平投影面积计算。不扣除宽度≤500 mm 的楼梯井，伸入墙内部分不计算 2. 以立方米计量，按设计图示尺寸以体积计算	1. 模板及支架(撑)制作、安装、拆除、堆放、运输及清理模内杂物、刷隔离剂等 2. 混凝土制作、运输、浇筑、振捣、养护
010506002	弧形楼梯				

注：整体楼梯(包括直形楼梯、弧形楼梯)水平投影面积包括休息平台、平台梁、斜梁和楼梯的连接梁。当整体楼梯与现浇楼板无梯梁连接时，以楼梯的最后一个踏步边缘加300 mm为界。

7. 现浇混凝土其他构件

现浇混凝土其他构件工程量清单项目设置、项目特征描述的内容、计量单位、工程量计算规则应按表5-18的规定执行。

表5-18 现浇混凝土其他构件(编号：010507)

项目编码	项目名称	项目特征	计量单位	工程量计算规则	工作内容
010507001	散水、坡道	1. 垫层材料种类、厚度 2. 面层厚度 3. 混凝土种类 4. 混凝土强度等级 5. 变形缝填塞材料种类	m²	按设计图示尺寸以水平投影面积计算。不扣除单个≤0.3 m²的孔洞所占面积	1. 地基夯实 2. 铺设垫层 3. 模板及支撑制作、安装、拆除、堆放、运输及清理模内杂物、刷隔离剂等 4. 混凝土制作、运输、浇筑、振捣、养护 5. 变形缝填塞
010507002	室外地坪	1. 地坪厚度 2. 混凝土强度等级			
010507003	电缆沟、地沟	1. 土壤类别 2. 沟截面净空尺寸 3. 垫层材料种类、厚度 4. 混凝土种类 5. 混凝土强度等级 6. 防护材料种类	m	按设计图示以中心线长度计算	1. 挖填、运土石方 2. 铺设垫层 3. 模板及支撑制作、安装、拆除、堆放、运输及清理模内杂物、刷隔离剂等 4. 混凝土制作、运输、浇筑、振捣、养护 5. 刷防护材料

续表

项目编码	项目名称	项目特征	计量单位	工程量计算规则	工作内容
010507004	台阶	1. 踏步高、宽 2. 混凝土种类 3. 混凝土强度等级	1. m² 2. m³	1. 以平方米计量，按设计图示尺寸水平投影面积计算 2. 以立方米计量，按设计图示尺寸以体积计算	1. 模板及支撑制作、安装、拆除、堆放、运输及清理模内杂物、刷隔离剂等 2. 混凝土制作、运输、浇筑、振捣、养护
010507005	扶手、压顶	1. 断面尺寸 2. 混凝土种类 3. 混凝土强度等级	1. m 2. m³	1. 以米计量，按设计图示的中心线延长米计算 2. 以立方米计量，按设计图示尺寸以体积计算	1. 模板及支架（撑）制作、安装、拆除、堆放、运输及清理模内杂物、刷隔离剂等 2. 混凝土制作、运输、浇筑、振捣、养护
010507006	化粪池、检查井	1. 部位 2. 混凝土强度等级 3. 防水、抗渗要求	1. m³ 2. 座	1. 按设计图示尺寸以体积计算 2. 以座计量，按设计图示数量计算	
010507007	其他构件	1. 构件的类型 2. 构件规格 3. 部位 4. 混凝土种类 5. 混凝土强度等级	m³		

注：1. 现浇混凝土小型池槽、垫块、门框等，应按本表中其他构件项目编码列项。
　　2. 架空式混凝土台阶，按现浇楼梯计算。

8. 后浇带

后浇带工程量清单项目设置、项目特征描述的内容、计量单位、工程量计算规则应按表 5-19 的规定执行。

表 5-19　后浇带（编号：010508）

项目编码	项目名称	项目特征	计量单位	工程量计算规则	工作内容
010508001	后浇带	1. 混凝土种类 2. 混凝土强度等级	m³	按设计图示尺寸以体积计算	1. 模板及支架（撑）制作、安装、拆除、堆放、运输及清理模内杂物、刷隔离剂等 2. 混凝土制作、运输、浇筑、振捣、养护及混凝土交接面、钢筋等的清理

9. 预制混凝土柱

预制混凝土柱工程量清单项目设置、项目特征描述的内容、计量单位、工程量计算规则应按表 5-20 的规定执行。

表 5-20 预制混凝土柱(编号：010509)

项目编码	项目名称	项目特征	计量单位	工程量计算规则	工作内容
010509001	矩形柱	1. 图代号 2. 单件体积 3. 安装高度 4. 混凝土强度等级 5. 砂浆（细石混凝土）强度等级、配合比	1. m³ 2. 根	1. 以立方米计量，按设计图示尺寸以体积计算 2. 以根计量，按设计图示尺寸以数量计算	1. 模板制作、安装、拆除、堆放、运输及清理模内杂物、刷隔离剂等 2. 混凝土制作、运输、浇筑、振捣、养护 3. 构件运输、安装 4. 砂浆制作、运输 5. 接头灌缝、养护
010509002	异形柱				

注：以根计量，必须描述单件体积。

10. 预制混凝土梁

预制混凝土梁工程量清单项目设置、项目特征描述的内容、计量单位、工程量计算规则应按表 5-21 的规定执行。

表 5-21 预制混凝土梁(编号：010510)

项目编码	项目名称	项目特征	计量单位	工程量计算规则	工作内容
010510001	矩形梁	1. 图代号 2. 单件体积 3. 安装高度 4. 混凝土强度等级 5. 砂浆（细石混凝土）强度等级、配合比	1. m³ 2. 根	1. 以立方米计量，按设计图示尺寸以体积计算 2. 以根计量，按设计图示尺寸以数量计算	1. 模板制作、安装、拆除、堆放、运输及清理模内杂物、刷隔离剂等 2. 混凝土制作、运输、浇筑、振捣、养护 3. 构件运输、安装 4. 砂浆制作、运输 5. 接头灌缝、养护
010510002	异形梁				
010510003	过梁				
010510004	拱形梁				
010510005	鱼腹式吊车梁				
010510006	其他梁				

注：以根计量，必须描述单件体积。

11. 钢筋工程

钢筋工程工程量清单项目设置、项目特征描述的内容、计量单位、工程量计算规则应按表 5-22 的规定执行。

表 5-22 钢筋工程(编号：010515)

项目编码	项目名称	项目特征	计量单位	工程量计算规则	工作内容
010515001	现浇构件钢筋	钢筋种类、规格	t	按设计图示钢筋(网)长度(面积)乘以单位理论质量计算	1. 钢筋制作、运输 2. 钢筋安装 3. 焊接(绑扎)
010515002	预制构件钢筋				
010515003	钢筋网片				1. 钢筋网制作、运输 2. 钢筋网安装 3. 焊接(绑扎)

续表

项目编码	项目名称	项目特征	计量单位	工程量计算规则	工作内容
010515004	钢筋笼	钢筋种类、规格		按设计图示钢筋(网)长度(面积)乘以单位理论质量计算	1. 钢筋笼制作、运输 2. 钢筋笼安装 3. 焊接(绑扎)
010515005	先张法预应力钢筋	1. 钢筋种类、规格 2. 锚具种类		按设计图示钢筋长度乘以单位理论质量计算	1. 钢筋制作、运输 2. 钢筋张拉
010515006	后张法预应力钢筋	1. 钢筋种类、规格 2. 钢丝种类、规格 3. 钢绞线种类、规格 4. 锚具种类 5. 砂浆强度等级	t	按设计图示钢筋(丝束、绞线)长度乘单位理论质量计算 1. 低合金钢筋两端均采用螺杆锚具时,钢筋长度按孔道长度减 0.35 m 计算,螺杆另行计算 2. 低合金钢筋一端采用镦头插片,另一端采用螺杆锚具时,钢筋长度按孔道长度计算,螺杆另行计算 3. 低合金钢筋一端采用镦头插片,另一端采用帮条锚具时,钢筋增加 0.15 m 计算;两端均采用帮条锚具时,钢筋长度按孔道长度增加 0.3 m 计算 4. 低合金钢筋采用后张混凝土自锚时,钢筋长度按孔道长度增加 0.35 m 计算 5. 低合金钢筋(钢绞线)采用 JM、XM、QM 型锚具,孔道长度≤20 m 时,钢筋长度增加 1 m 计算,孔道长度>20 m 时,钢筋长度增加 1.8 m 计算 6. 碳素钢丝采用锥形锚具,孔道长度≤20 m 时,钢丝束长度按孔道长度增加 1 m 计算,孔道长度>20 m 时,钢丝束长度按孔道长度增加 1.8 m 计算 7. 碳素钢丝采用镦头锚具时,钢丝束长度按孔道长度增加 0.35 m 计算	1. 钢筋、钢丝、钢绞线制作、运输 2. 钢筋、钢丝、钢绞线安装 3. 预埋管孔道铺设 4. 锚具安装 5. 砂浆制作、运输 6. 孔道压浆、养护
010515007	预应力钢丝				
010515008	预应力钢绞线				
010515009	支撑钢筋(铁马)	1. 钢筋种类 2. 规格		按钢筋长度乘以单位理论质量计算	钢筋制作、焊接、安装
010515010	声测管	1. 材质 2. 规格型号		按设计图示尺寸以质量计算	1. 检测管截断、封头 2. 套管制作、焊接 3. 定位、固定

注:1. 现浇构件中伸出构件的锚固钢筋应并入钢筋工程量内。除设计(包括规范规定)标明的搭接外,其他施工搭接不计算工程量,在综合单价中综合考虑。
2. 现浇构件中固定位置的支撑钢筋、双层钢筋用的"铁马"在编制工程量清单时,如果设计未明确,其工程数量可为暂估量,结算时按现场签证数量计算。

12. 螺栓、铁件

螺栓、铁件工程量清单项目设置、项目特征描述的内容、计量单位、工程量计算规则应按表 5-23 的规定执行。

表 5-23　螺栓、铁件（编号：010516）

项目编码	项目名称	项目特征	计量单位	工程量计算规则	工作内容
010516001	螺栓	1. 螺栓种类 2. 规格	t	按设计图示尺寸以质量计算	1. 螺栓、铁件制作、运输 2. 螺栓、铁件安装
010516002	预埋铁件	1. 钢材种类 2. 规格 3. 铁件尺寸			
010516003	机械连接	1. 连接方式 2. 螺纹套筒种类 3. 规格	个	按数量计算	1. 钢筋套丝 2. 套筒连接

注：编制工程量清单时，如果设计未明确，其工程数量可为暂估量，实际工程量按现场签证数量计算。

八、门窗工程

1. 木门

木门工程量清单项目设置、项目特征描述、计量单位及工程量计算规则应按表 5-24 的规定执行。

表 5-24　木门（编码：010801）

项目编码	项目名称	项目特征	计量单位	工程量计算规则	工作内容
010801001	木质门	1. 门代号及洞口尺寸 2. 镶嵌玻璃品种、厚度	1. 樘 2. m²	1. 以樘计量，按设计图示数量计算 2. 以平方米计量，按设计图示洞口尺寸以面积计算	1. 门安装 2. 玻璃安装 3. 五金安装
010801002	木质门带套				
010801003	木质连窗门				
010801004	木质防火门				
010801005	木门框	1. 门代号及洞口尺寸 2. 框截面尺寸 3. 防护材料种类	1. 樘 2. m	1. 以樘计量，按设计图示数量计算 2. 以米计量，按设计图示框的中心线以延长米计算	1. 木门框制作、安装 2. 运输 3. 刷防护材料
010801006	门锁安装	1. 锁品种 2. 锁规格	个（套）	按设计图示数量计算	安装

注：1. 木质门应区分镶板木门、企口木板门、实木装饰门、胶合板门、夹板装饰门、木纱门、全玻门（带木质扇框）、木质半玻门（带木质扇框）等项目，分别编码列项。
2. 木门五金应包括：折页、插销、门碰珠、弓背拉手、搭机、木螺钉、弹簧折页（自动门）、管子拉手（自由门、地弹门）、地弹簧（地弹门）、角铁、门轧头（地弹门、自由门）等。
3. 木质门带套计量按洞口尺寸以面积计算，不包括门套的面积，但门套应计算在综合单价中。
4. 以樘计量，项目特征必须描述洞口尺寸；以平方米计量，项目特征可不描述洞口尺寸。
5. 单独制作安装木门框按木门框项目编码列项。

2. 金属门

金属门工程量清单项目设置、项目特征描述、计量单位及工程量计算规则应按表 5-25 的规定执行。

表 5-25　金属门（编码：010802）

项目编码	项目名称	项目特征	计量单位	工程量计算规则	工作内容
010802001	金属（塑钢）门	1. 门代号及洞口尺寸 2. 门框或扇外围尺寸 3. 门框、扇材质 4. 玻璃品种、厚度	1. 樘 2. m²	1. 以樘计量，按设计图示数量计算 2. 以平方米计量，按设计图示洞口尺寸以面积计算	1. 门安装 2. 五金安装 3. 玻璃安装
010802002	彩板门	1. 门代号及洞口尺寸 2. 门框或扇外围尺寸			
010802003	钢质防火门	1. 门代号及洞口尺寸 2. 门框或扇外围尺寸 3. 门框、扇材质			1. 门安装 2. 五金安装
010702004	防盗门				

注：1. 金属门应区分金属平开门、金属推拉门、金属地弹门、全玻门（带金属扇框）、金属半玻门（带扇框）等项目，分别编码列项。
　　2. 铝合金门五金包括：地弹簧、门锁、拉手、门插、门铰、螺钉等。
　　3. 其他金属门五金包括 L 型执手插锁（双舌）、执手锁（单舌）、门轨头、地锁、防盗门机、门眼（猫眼）、门碰珠、电子锁（磁卡锁）、闭门器、装饰拉手等。
　　4. 以樘计量，项目特征必须描述洞口尺寸，没有洞口尺寸必须描述门框或扇外围尺寸，以平方米计量，项目特征可不描述洞口尺寸及框、扇的外围尺寸。
　　5. 以平方米计量，无设计图示洞口尺寸，按门框、扇外围以面积计算。

3. 金属卷帘（闸）门

金属卷帘（闸）门工程量清单项目设置、项目特征描述、计量单位及工程量计算规则应按表 5-26 的规定执行。

表 5-26　金属卷帘（闸）门（编码：010803）

项目编码	项目名称	项目特征	计量单位	工程量计算规则	工作内容
010803001	金属卷帘（闸）门	1. 门代号及洞口尺寸 2. 门材质 3. 启动装置品种、规格	1. 樘 2. m²	1. 以樘计量，按设计图示数量计算 2. 以平方米计量，按设计图示洞口尺寸以面积计算	1. 门运输、安装 2. 启动装置、活动小门、五金安装
010803002	防火卷帘（闸）门				

注：以樘计量，项目特征必须描述洞口尺寸；以平方米计量，项目特征可不描述洞口尺寸。

4. 厂库房大门、特种门

厂库房大门、特种门工程量清单项目设置、项目特征描述、计量单位及工程量计算规则应按表 5-27 的规定执行。

表 5-27　厂库房大门、特种门(编码：010804)

项目编码	项目名称	项目特征	计量单位	工程量计算规则	工作内容
010804001	木板大门	1. 门代号及洞口尺寸 2. 门框或扇外围尺寸 3. 门框、扇材质 4. 五金种类、规格 5. 防护材料种类	1. 樘 2. m²	1. 以樘计量，按设计图示数量计算 2. 以平方米计量，按设计图示洞口尺寸以面积计算	1. 门（骨架）制作、运输 2. 门、五金配件安装 3. 刷防护材料
010804002	钢木大门	^	^	^	^
010804003	全钢板大门	^	^	^	^
010804004	防护铁丝门	^	^	1. 以樘计量，按设计图示数量计算 2. 以平方米计量，按设计图示门框或扇以面积计算	^
010804005	金属格栅门	1. 门代号及洞口尺寸 2. 门框或扇外围尺寸 3. 门框、扇材质 4. 启动装置的品种、规格	^	1. 以樘计量，按设计图示数量计算 2. 以平方米计量，按设计图示洞口尺寸以面积计算	1. 门安装 2. 启动装置、五金配件安装
010804006	钢质花饰大门	1. 门代号及洞口尺寸 2. 门框或扇外围尺寸 3. 门框、扇材质	^	1. 以樘计量，按设计图示数量计算 2. 以平方米计量，按设计图示门框或扇以面积计算	1. 门安装 2. 五金配件安装
010804007	特种门	^	^	1. 以樘计量，按设计图示数量计算 2. 以平方米计量，按设计图示洞口尺寸以面积计算	^

注：1. 特种门应区分冷藏门、冷冻间门、保温门、变电室门、隔音门、防射线门、人防门、金库门等项目，分别编码列项。
　　2. 以樘计量，项目特征必须描述洞口尺寸，没有洞口尺寸必须描述门框或扇外围尺寸；以平方米计量，项目特征可不描述洞口尺寸及框、扇的外围尺寸。
　　3. 以平方米计量，无设计图示洞口尺寸，按门框、扇外围以面积计算。

5. 其他门

其他门工程量清单项目设置、项目特征描述、计量单位及工程量计算规则应按表 5-28 的规定执行。

表 5-28 其他门(编码：010805)

项目编码	项目名称	项目特征	计量单位	工程量计算规则	工作内容
010805001	电子感应门	1. 门代号及洞口尺寸 2. 门框或扇外围尺寸 3. 门框、扇材质	1. 樘 2. m²	1. 以樘计量，按设计图示数量计算 2. 以平方米计量，按设计图示洞口尺寸以面积计算	1. 门安装 2. 启动装置、五金、电子配件安装
010805002	旋转门	4. 玻璃品种、厚度 5. 启动装置的品种、规格 6. 电子配件品种、规格			
010805003	电子对讲门	1. 门代号及洞口尺寸 2. 门框或扇外围尺寸 3. 门材质 4. 玻璃品种、厚度 5. 启动装置的品种、规格 6. 电子配件品种、规格			
010805004	电动伸缩门				
010805005	全玻自由门	1. 门代号及洞口尺寸 2. 门框或扇外围尺寸 3. 框材质 4. 玻璃品种、厚度			1. 门安装 2. 五金安装
010805006	镜面不锈钢饰面门	1. 门代号及洞口尺寸 2. 门框或扇外围尺寸 3. 框、扇材质 4. 玻璃品种、厚度			
010805007	复合材料门				

注：1. 以樘计量，项目特征必须描述洞口尺寸，没有洞口尺寸必须描述门框或扇外围尺寸；以平方米计量，项目特征可不描述洞口尺寸及框、扇的外围尺寸。
2. 以平方米计量，无设计图示洞口尺寸，按门框、扇外围以面积计算。

6. 木窗

木窗工程量清单项目设置、项目特征描述、计量单位及工程量计算规则应按表 5-29 的规定执行。

表 5-29 木窗(编码：010806)

项目编码	项目名称	项目特征	计量单位	工程量计算规则	工作内容
010806001	木质窗	1. 窗代号及洞口尺寸 2. 玻璃品种、厚度	1. 樘 2. m²	1. 以樘计量，按设计图示数量计算 2. 以平方米计量，按设计图示洞口尺寸以面积计算	1. 窗安装 2. 五金、玻璃安装
010806002	木飘(凸)窗			1. 以樘计量，按设计图示数量计算 2. 以平方米计量，按设计图示尺寸以框外围展开面积计算	1. 窗制作、运输、安装 2. 五金、玻璃安装 3. 刷防护材料
010806003	木橱窗	1. 窗代号 2. 框截面及外围展开面积 3. 玻璃品种、厚度 4. 防护材料种类			

续表

项目编码	项目名称	项目特征	计量单位	工程量计算规则	工作内容
010806004	木纱窗	1. 窗代号及框的外围尺寸 2. 窗纱材料品种、规格	1. 樘 2. m²	1. 以樘计量,按设计图示数量计算 2. 以平方米计量,按框的外围尺寸以面积计算	1. 窗安装 2. 五金安装

注:1. 木质窗应区分木百叶窗、木组合窗、木天窗、木固定窗、木装饰空花窗等项目,分别编码列项。
2. 以樘计量,项目特征必须描述洞口尺寸,没有洞口尺寸必须描述窗框外围尺寸;以平方米计量,项目特征可不描述洞口尺寸及框的外围尺寸。
3. 以平方米计量,无设计图示洞口尺寸,按窗框外围以面积计算。
4. 木橱窗、木飘(凸)窗以樘计量,项目特征必须描述框截面及外围展开面积。
5. 木窗五金包括:折页、插销、风钩、木螺钉、滑轮滑轨(推拉窗)等。

7. 金属窗

金属窗工程量清单项目设置、项目特征描述、计量单位及工程量计算规则应按表5-30的规定执行。

表5-30　金属窗(编码:010807)

项目编码	项目名称	项目特征	计量单位	工程量计算规则	工作内容
010807001	金属(塑钢、断桥)窗	1. 窗代号及洞口尺寸 2. 框、扇材质 3. 玻璃品种、厚度	1. 樘 2. m²	1. 以樘计量,按设计图示数量计算 2. 以平方米计量,按设计图示洞口尺寸以面积计算	1. 窗安装 2. 五金、玻璃安装
010807002	金属防火窗				
010807003	金属百叶窗	1. 窗代号及洞口尺寸 2. 框、扇材质 3. 玻璃品种、厚度		1. 以樘计量,按设计图示数量计算 2. 以平方米计量,按设计图示洞口尺寸以面积计算	
010807004	金属纱窗	1. 窗代号及框的外围尺寸 2. 框材质 3. 窗纱材料品种、规格		1. 以樘计量,按设计图示数量计算 2. 以平方米计量,按框的外围尺寸以面积计算	1. 窗安装 2. 五金安装
010807005	金属格栅窗	1. 窗代号及洞口尺寸 2. 框外围尺寸 3. 框、扇材质		1. 以樘计量,按设计图示数量计算 2. 以平方米计量,按设计图示洞口尺寸以面积计算	

续表

项目编码	项目名称	项目特征	计量单位	工程量计算规则	工作内容
010807006	金属(塑钢、断桥)橱窗	1. 窗代号 2. 框外围展开面积 3. 框、扇材质 4. 玻璃品种、厚度 5. 防护材料种类	1. 樘 2. m²	1. 以樘计量,按设计图示数量计算 2. 以平方米计量,按设计图示尺寸以框外围展开面积计算	1. 窗制作、运输、安装 2. 五金、玻璃安装 3. 刷防护材料
010807007	金属(塑钢、断桥)飘(凸)窗	1. 窗代号 2. 框外围展开面积 3. 框、扇材质 4. 玻璃品种、厚度			
010807008	彩板窗	1. 窗代号及洞口尺寸 2. 框外围尺寸 3. 框、扇材质 4. 玻璃品种、厚度		1. 以樘计量,按设计图示数量计算 2. 以平方米计量,按设计图示洞口尺寸或框外围以面积计算	1. 窗安装 2. 五金、玻璃安装
010807009	复合材料窗				

注:1. 金属窗应区分金属组合窗、防盗窗等项目,分别编码列项。
2. 以樘计量,项目特征必须描述洞口尺寸,没有洞口尺寸必须描述窗框外围尺寸,以平方米计量,项目特征可不描述洞口尺寸及框的外围尺寸。
3. 以平方米计量,无设计图示洞口尺寸,按窗框外围以面积计算。
4. 金属橱窗、飘(凸)窗以樘计量,项目特征必须描述框外围展开面积。
5. 金属窗五金应包括:折页、螺钉、执手、卡锁、铰拉、风撑、滑轮、滑轨、拉把、拉手、角码、牛角制等。

九、屋面及防水工程

1. 瓦、型材及其他屋面

瓦、型材及其他屋面工程量清单项目设置、项目特征描述、计量单位及工程量计算规则应按表5-31的规定执行。

表5-31 瓦、型材及其他屋面(编码:010901)

项目编码	项目名称	项目特征	计量单位	工程量计算规则	工作内容
010901001	瓦屋面	1. 瓦品种、规格 2. 粘结层砂浆的配合比	m²	按设计图示尺寸以斜面积计算 不扣除房上烟囱、风帽底座、风道、小气窗、斜沟等所占面积。小气窗的出檐部分不增加面积	1. 砂浆制作、运输、摊铺、养护 2. 安瓦、作瓦脊
010901002	型材屋面	1. 型材品种、规格 2. 金属檩条材料品种、规格 3. 接缝、嵌缝材料种类			1. 檩条制作、运输、安装 2. 屋面型材安装 3. 接缝、嵌缝

续表

项目编码	项目名称	项目特征	计量单位	工程量计算规则	工作内容
010901003	阳光板屋面	1. 阳光板品种、规格 2. 骨架材料品种、规格 3. 接缝、嵌缝材料种类 4. 油漆品种、刷漆遍数	m²	按设计图示尺寸以斜面积计算 不扣除屋面面积≤0.3 m²孔洞所占面积	1. 骨架制作、运输、安装、刷防护材料、油漆 2. 阳光板安装 3. 接缝、嵌缝
010901004	玻璃钢屋面	1. 玻璃钢品种、规格 2. 骨架材料品种、规格 3. 玻璃钢固定方式 4. 接缝、嵌缝材料种类 5. 油漆品种、刷漆遍数			1. 骨架制作、运输、安装、刷防护材料、油漆 2. 玻璃钢制作、安装 3. 接缝、嵌缝
010901005	膜结构屋面	1. 膜布品种、规格 2. 支柱(网架)钢材品种、规格 3. 钢丝绳品种、规格 4. 锚固基座做法 5. 油漆品种、刷漆遍数		按设计图示尺寸以需要覆盖的水平投影面积计算	1. 膜布热压胶接 2. 支柱(网架)制作、安装 3. 膜布安装 4. 穿钢丝绳、锚头锚固 5. 锚固基座、挖土、回填 6. 刷防护材料,油漆

注:1. 瓦屋面若是在木基层上铺瓦,项目特征不必描述粘结层砂浆的配合比,瓦屋面铺防水层,按表5-32屋面防水及其他中相关项目编码列项。
    2. 型材屋面、阳光板屋面、玻璃钢屋面的柱、梁、屋架,按《工程量计算规范》附录F金属结构工程、附录G木结构工程中相关项目编码列项

2. 屋面防水及其他

屋面防水及其他工程量清单项目设置、项目特征描述、计量单位及工程量计算规则应按表5-32的规定执行。

表5-32 屋面防水及其他(编码:010902)

项目编码	项目名称	项目特征	计量单位	工程量计算规则	工作内容
010902001	屋面卷材防水	1. 卷材品种、规格、厚度 2. 防水层数 3. 防水层做法	m²	按设计图示尺寸以面积计算 1. 斜屋顶(不包括平屋顶找坡)按斜面积计算,平屋顶按水平投影面积计算 2. 不扣除房上烟囱、风帽底座、风道、屋面小气窗和斜沟所占面积 3. 屋面的女儿墙、伸缩缝和天窗等处的弯起部分,并入屋面工程量内	1. 基层处理 2. 刷底油 3. 铺油毡卷材、接缝
010902002	屋面涂膜防水	1. 防水膜品种 2. 涂膜厚度、遍数 3. 增强材料种类			1. 基层处理 2. 刷基层处理剂 3. 铺布、喷涂防水层

续表

项目编码	项目名称	项目特征	计量单位	工程量计算规则	工作内容
010902003	屋面刚性层	1. 刚性层厚度 2. 混凝土强度等级 3. 嵌缝材料种类 4. 钢筋规格、型号	m²	按设计图示尺寸以面积计算。不扣除房上烟囱、风帽底座、风道等所占面积	1. 基层处理 2. 混凝土制作、运输、铺筑、养护 3. 钢筋制安
010902004	屋面排水管	1. 排水管品种、规格 2. 雨水斗、山墙出水口品种、规格 3. 接缝、嵌缝材料种类 4. 油漆品种、刷漆遍数	m	按设计图示尺寸以长度计算。如设计未标注尺寸,以檐口至设计室外散水上表面垂直距离计算	1. 排水管及配件安装、固定 2. 雨水斗、山墙出水口、雨水箅子安装 3. 接缝、嵌缝 4. 刷漆
010902005	屋面排(透)气管	1. 排(透)气管品种、规格 2. 接缝、嵌缝材料种类 3. 油漆品种、刷漆遍数	m	按设计图示尺寸以长度计算	1. 排(透)气管及配件安装、固定 2. 铁件制作、安装 3. 接缝、嵌缝 4. 刷漆
010902006	屋面(廊、阳台)进(吐)水管	1. 吐水管品种、规格 2. 接缝、嵌缝材料种类 3. 吐水管长度 4. 油漆品种、刷漆遍数	根(个)	按设计图示数量计算	1. 水管及配件安装、固定 2. 接缝、嵌缝 3. 刷漆
010902007	屋面天沟、檐沟	1. 材料品种、规格 2. 接缝、嵌缝材料种类	m²	按设计图示尺寸以展开面积计算	1. 天沟材料铺设 2. 天沟配件安装 3. 接缝、嵌缝 4. 刷防护材料
010902008	屋面变形缝	1. 嵌缝材料种类 2. 止水带材料种类 3. 盖缝材料 4. 防护材料种类	m	按设计图示以长度计算	1. 清缝 2. 填塞防水材料 3. 止水带安装 4. 盖缝制作、安装 5. 刷防护材料

注:1. 屋面刚性层无钢筋,其钢筋项目特征不必描述。
2. 屋面找平层按《工程量计算规范》附录 L 楼地面装饰工程"平面砂浆找平层"项目编码列项。
3. 屋面防水搭接及附加层用量不另行计算,在综合单价中考虑。
4. 屋面保温找坡层按《工程计算规范》附录 K 保温、隔热、防腐工程"保温隔热屋面"项目编码列项。

3. 墙面防水、防潮

墙面防水、防潮工程量清单项目设置、项目特征描述、计量单位及工程量计算规则应按表 5-33 的规定执行。

表 5-33　墙面防水、防潮(编码：010903)

项目编码	项目名称	项目特征	计量单位	工程量计算规则	工作内容
010903001	墙面卷材防水	1. 卷材品种、规格、厚度 2. 防水层数 3. 防水层做法	m^2	按设计图示尺寸以面积计算	1. 基层处理 2. 刷粘结剂 3. 铺防水卷材 4. 接缝、嵌缝
010903002	墙面涂膜防水	1. 防水膜品种 2. 涂膜厚度、遍数 3. 增强材料种类	m^2	按设计图示尺寸以面积计算	1. 基层处理 2. 刷基层处理剂 3. 铺布、喷涂防水层
010903003	墙面砂浆防水（防潮）	1. 防水层做法 2. 砂浆厚度、配合比 3. 钢丝网规格	m^2	按设计图示尺寸以面积计算	1. 基层处理 2. 挂钢丝网片 3. 设置分格缝 4. 砂浆制作、运输、摊铺、养护
010903004	墙面变形缝	1. 嵌缝材料种类 2. 止水带材料种类 3. 盖缝材料 4. 防护材料种类	m	按设计图示以长度计算	1. 清缝 2. 填塞防水材料 3. 止水带安装 4. 盖缝制作、安装 5. 刷防护材料

注：1. 墙面防水搭接及附加层用量不另行计算，在综合单价中考虑。
　　2. 墙面变形缝，若做双面，工程量乘系数 2。
　　3. 墙面找平层按《工程量计算规范》附录 M 墙、柱面装饰与隔断工程"立面砂浆找平层"项目编码列项。

4. 楼(地)面防水、防潮

楼(地)面防水、防潮工程量清单项目设置、项目特征描述、计量单位及工程量计算规则应按表 5-34 的规定执行。

表 5-34　楼(地)面防水、防潮(编码：010904)

项目编码	项目名称	项目特征	计量单位	工程量计算规则	工作内容
010904001	楼(地)面卷材防水	1. 卷材品种、规格、厚度 2. 防水层数 3. 防水层做法 4. 反边高度	m²	按设计图示尺寸以面积计算 1. 楼(地)面防水：按主墙间净空面积计算，扣除凸出地面的构筑物、设备基础等所占面积，不扣除间壁墙及单个面积≤0.3 m² 柱、垛、烟囱和孔洞所占面积 2. 楼(地)面防水反边高度≤300 mm算作地面防水，反边高度>300 mm算作墙面防水	1. 基层处理 2. 刷粘结剂 3. 铺防水卷材 4. 接缝、嵌缝
010904002	楼(地)面涂膜防水	1. 防水膜品种 2. 涂膜厚度、遍数 3. 增强材料种类 4. 反边高度			1. 基层处理 2. 刷基层处理剂 3. 铺布、喷涂防水层
010904003	楼(地)面砂浆防水(防潮)	1. 防水层做法 2. 砂浆厚度、配合比 3. 反边高度			1. 基层处理 2. 砂浆制作、运输、摊铺、养护
010904004	楼(地)面变形缝	1. 嵌缝材料种类 2. 止水带材料种类 3. 盖缝材料 4. 防护材料种类	m	按设计图示以长度计算	1. 清缝 2. 填塞防水材料 3. 止水带安装 4. 盖缝制作、安装 5. 刷防护材料

注：1. 楼(地)面防水找平层按《工程量计算规范》附录L楼地面装饰工程"平面砂浆找平层"项目编码列项
　　2. 楼(地)面防水搭接及附加层用量不另行计算，在综合单价中考虑。

十、保温、隔热、防腐工程

1. 保温、隔热

保温、隔热工程量清单项目设置、项目特征描述、计量单位及工程量计算规则应按表 5-35 的规定执行。

表 5-35　保温、隔热(编码：011001)

项目编码	项目名称	项目特征	计量单位	工程量计算规则	工作内容
011001001	保温隔热屋面	1. 保温隔热材料品种、规格、厚度 2. 隔气层材料品种、厚度 3. 粘结材料种类、做法 4. 防护材料种类、做法	m²	按设计图示尺寸以面积计算。扣除面积>0.3 m² 孔洞及占位面积	1. 基层清理 2. 刷粘结材料 3. 铺粘保温层 4. 铺、刷(喷)防护材料

续表

项目编码	项目名称	项目特征	计量单位	工程量计算规则	工作内容
011001002	保温隔热天棚	1. 保温隔热面层材料品种、规格、性能 2. 保温隔热材料品种、规格及厚度 3. 粘结材料种类及做法 4. 防护材料种类及做法	m²	按设计图示尺寸以面积计算。扣除面积>0.3 m²上柱、垛、孔洞所占面积，与天棚相连的梁按展开面积，计算并入天棚工程量内	1. 基层清理 2. 刷粘结材料 3. 铺粘保温层 4. 铺、刷（喷）防护材料
011001003	保温隔热墙面	1. 保温隔热部位 2. 保温隔热方式 3. 踢脚线、勒脚线保温做法 4. 龙骨材料品种、规格 5. 保温隔热面层材料品种、规格、性能 6. 保温隔热材料品种、规格及厚度 7. 增强网及抗裂防水砂浆种类 8. 粘结材料种类及做法 9. 防护材料种类及做法		按设计图示尺寸以面积计算。扣除门窗洞口以及面积>0.3 m²梁、孔洞所占面积；门窗洞口侧壁需作保温时，并入保温墙体工程量内	1. 基层清理 2. 刷界面剂 3. 安装龙骨 4. 填贴保温材料 5. 保温板安装 6. 粘贴面层 7. 铺设增强格网、抹抗裂、防水砂浆面层 8. 嵌缝 9. 铺、刷（喷）防护材料
011001004	保温柱、梁			按设计图示尺寸以面积计算 1. 柱按设计图示柱断面保温层中心线展开长度乘保温层高度以面积计算，扣除面积>0.3 m²梁所占面积 2. 梁按设计图示梁断面保温层中心线展开长度乘保温层长度以面积计算	
011001005	保温隔热楼地面	1. 保温隔热部位 2. 保温隔热材料品种、规格、厚度 3. 隔气层材料品种、厚度 4. 粘结材料种类、做法 5. 防护材料种类、做法		按设计图示尺寸以面积计算。扣除面积>0.3 m²柱、垛、孔洞所等占面积。门洞、空圈、暖气包槽、壁龛的开口部分不增加面积	1. 基层清理 2. 刷粘结材料 3. 铺粘保温层 4. 铺、刷（喷）防护材料

续表

项目编码	项目名称	项目特征	计量单位	工程量计算规则	工作内容
011001006	其他保温隔热	1. 保温隔热部位 2. 保温隔热方式 3. 隔气层材料品种、厚度 4. 保温隔热面层材料品种、规格、性能 5. 保温隔热材料品种、规格及厚度 6. 粘结材料种类及做法 7. 增强网及抗裂防水砂浆种类 8. 防护材料种类及做法	m²	按设计图示尺寸以展开面积计算。扣除面积>0.3 m²孔洞及占位面积	1. 基层清理 2. 刷界面剂 3. 安装龙骨 4. 填贴保温材料 5. 保温板安装 6. 粘贴面层 7. 铺设增强格网、抹抗裂防水砂浆面层 8. 嵌缝 9. 铺、刷（喷）防护材料

注: 1. 保温隔热装饰面层，按《工程量计算规范》附录L、M、N、P、Q中相关项目编码列项；仅做找平层按《工程量计算规范》附录L楼地面装饰工程中"平面砂浆找平层"或附录M墙柱面装饰与隔断、幕墙工程"立面砂浆找平层"项目编码列项。
2. 柱帽保温隔热应并入天棚保温隔热工程量内。
3. 池槽保温隔热应按其他保温隔热项目编码列项。
4. 保温隔热方式：指内保温、外保温、夹心保温。
5. 保温柱、梁适用于不与墙、天棚相连的独立柱、梁。

2. 防腐面层

防腐面层防腐面层工程量清单项目设置、项目特征描述、计量单位及工程量计算规则应按表5-36的规定执行。

表5-36 防腐面层（编码：011002）

项目编码	项目名称	项目特征	计量单位	工程量计算规则	工作内容
011002001	防腐混凝土面层	1. 防腐部位 2. 面层厚度 3. 混凝土种类 4. 胶泥种类、配合比	m²	按设计图示尺寸以面积计算 1. 平面防腐：扣除凸出地面的构筑物、设备基础等以及面积>0.3 m²孔洞、柱、垛等所占面积，门洞、空圈、暖气包槽、壁龛的开口部分不增加面积 2. 立面防腐：扣除门、窗、洞口以及面积>0.3 m²孔洞、梁所占面积，门、窗、洞口侧壁、垛突出部分按展开面积并入墙面积内	1. 基层清理 2. 基层刷稀胶泥 3. 混凝土制作、运输、摊铺、养护
011002002	防腐砂浆面层	1. 防腐部位 2. 面层厚度 3. 砂浆、胶泥种类、配合比			1. 基层清理 2. 基层刷稀胶泥 3. 砂浆制作、运输、摊铺、养护
011002003	防腐胶泥面层	1. 防腐部位 2. 面层厚度 3. 胶泥种类、配合比			1. 基层清理 2. 胶泥调制、摊铺

续表

项目编码	项目名称	项目特征	计量单位	工程量计算规则	工作内容
011002004	玻璃钢防腐面层	1. 防腐部位 2. 玻璃钢种类 3. 贴布材料的种类、层数 4. 面层材料品种	m²	按设计图示尺寸以面积计算 1. 平面防腐：扣除凸出地面的构筑物、设备基础等以及面积>0.3 m²孔洞、柱、垛等所占面积，门洞、空圈、暖气包槽、壁龛的开口部分不增加面积 2. 立面防腐：扣除门、窗、洞口以及面积>0.3 m²孔洞、梁所占面积，门、窗、洞口侧壁、垛突出部分按展开面积并入墙面积内	1. 基层清理 2. 刷底漆、刮腻子 3. 胶浆配制、涂刷 4. 粘布、涂刷面层
011002005	聚氯乙烯板面层	1. 防腐部位 2. 面层材料品种、厚度 3. 粘结材料种类			1. 基层清理 2. 配料、涂胶 3. 聚氯乙烯板铺设
011002006	块料防腐面层	1. 防腐部位 2. 块料品种、规格 3. 粘结材料种类 4. 勾缝材料种类			1. 基层清理 2. 铺贴块料 3. 胶泥调制、勾缝
011002007	池、槽块料防腐面层	1. 防腐池、槽名称、代号 2. 块料品种、规格 3. 粘结材料种类 4. 勾缝材料种类		按设计图示尺寸以展开面积计算	1. 基层清理 2. 铺贴块料 3. 胶泥调制、勾缝

注：防腐踢脚线，应按《工程量计算规范》附录L楼地面装饰工程"踢脚线"项目编码列项。

3. 其他防腐

其他防腐工程量清单项目设置、项目特征描述、计量单位及工程量计算规则应按表5-37的规定执行。

表5-37 其他防腐（编码：011003）

项目编码	项目名称	项目特征	计量单位	工程量计算规则	工作内容
011003001	隔离层	1. 隔离层部位 2. 隔离层材料品种 3. 隔离层做法 4. 粘贴材料种类	m²	按设计图示尺寸以面积计算 1. 平面防腐：扣除凸出地面的构筑物、设备基础等以及面积>0.3 m²孔洞、柱、垛等所占面积，门洞、空圈、暖气包槽、壁龛的开口部分不增加面积 2. 立面防腐：扣除门、窗、洞口以及面积>0.3 m²孔洞、梁所占面积，门、窗、洞口侧壁、垛突出部分按展开面积并入墙面积内	1. 基层清理、刷油 2. 煮沥青 3. 胶泥调制 4. 隔离层铺设

续表

项目编码	项目名称	项目特征	计量单位	工程量计算规则	工作内容
011003002	砌筑沥青浸渍砖	1. 砌筑部位 2. 浸渍砖规格 3. 胶泥种类 4. 浸渍砖砌法	m³	按设计图示尺寸以体积计算	1. 基层清理 2. 胶泥调制 3. 浸渍砖铺砌
011003003	防腐涂料	1. 涂刷部位 2. 基层材料类型 3. 刮腻子的种类、遍数 4. 涂料品种、刷涂遍数	m²	按设计图示尺寸以面积计算 1. 平面防腐：扣除凸出地面的构筑物、设备基础等以及面积>0.3 m² 孔洞、柱、垛等所占面积，门窗洞、空圈、暖气包槽、壁龛的开口部分不增加面积 2. 立面防腐：扣除门、窗、洞口以及面积>0.3 m² 孔洞、梁所占面积，门、窗、洞口侧壁、垛突出部按展开面积并入墙面积内	1. 基层清理 2. 刮腻子 3. 刷涂料

注：浸渍砖砌法指平砌、立砌。

十一、楼地面装饰工程

1. 整体面层及找平层

整体面层及找平层工程量清单项目的设置、项目特征描述的内容、计量单位、工程量计算规则应按表 5-38 的规定执行。

表 5-38 整体面层及找平层（编码：011101）

项目编码	项目名称	项目特征	计量单位	工程量计算规则	工作内容
011101001	水泥砂浆楼地面	1. 找平层厚度、砂浆配合比 2. 素水泥浆遍数 3. 面层厚度、砂浆配合比 4. 面层做法要求	m²	按设计图示尺寸以面积计算。扣除凸出地面构筑物、设备基础、室内管道、地沟等所占面积，不扣除间壁墙及≤0.3 m² 柱、垛、附墙烟囱及孔洞所占面积。门洞、空圈、暖气包槽、壁龛的开口部分不增加面积	1. 基层清理 2. 抹找平层 3. 抹面层 4. 材料运输
011101002	现浇水磨石楼地面	1. 找平层厚度、砂浆配合比 2. 面层厚度、水泥石子浆配合比 3. 嵌条材料种类、规格 4. 石子种类、规格、颜色 5. 颜料种类、颜色 6. 图案要求 7. 磨光、酸洗、打蜡要求	m²		1. 基层清理 2. 抹找平层 3. 面层铺设 4. 嵌缝条安装 5. 磨光、酸洗打蜡 6. 材料运输

续表

项目编码	项目名称	项目特征	计量单位	工程量计算规则	工作内容
011101003	细石混凝土楼地面	1. 找平层厚度、砂浆配合比 2. 面层厚度、混凝土强度等级	m²	按设计图示尺寸以面积计算。扣除凸出地面构筑物、设备基础、室内管道、地沟等所占面积，不扣除间壁墙及≤0.3 m²柱、垛、附墙烟囱及孔洞所占面积。门洞、空圈、暖气包槽、壁龛的开口部分不增加面积	1. 基层清理 2. 抹找平层 3. 面层铺设 4. 材料运输
011101004	菱苦土楼地面	1. 找平层厚度、砂浆配合比 2. 面层厚度 3. 打蜡要求			1. 基层清理 2. 抹找平层 3. 面层铺设 4. 打蜡 5. 材料运输
011101005	自流坪楼地面	1. 找平层砂浆配合比、厚度 2. 界面剂材料种类 3. 中层漆材料种类、厚度 4. 面漆材料种类、厚度 5. 面层材料种类			1. 基层处理 2. 抹找平层 3. 涂界面剂 4. 涂刷中层漆 5. 打磨、吸尘 6. 镘自流平面漆（浆） 7. 拌合自流平浆料 8. 铺面层
011101006	平面砂浆找平层	找平层厚度、砂浆配合比		按设计图示尺寸以面积计算	1. 基层清理 2. 抹找平层 3. 材料运输

注：1. 水泥砂浆面层处理是拉毛还是提浆压光应在面层做法要求中描述。
2. 平面砂浆找平层只适用于仅做找平层的平面抹灰。
3. 间壁墙指墙厚≤120 mm的墙。
4. 楼地面混凝土垫层另按《工程量计算规范》附录E.1垫层项目编码列项，除混凝土外的其他材料垫层按《工程量计算规范》表D.4垫层项目编码列项。

2. 块料面层

块料面层工程量清单项目的设置、项目特征描述的内容、计量单位、工程量计算规则应按表5-39的规定执行。

表 5-39 块料面层(编码：011102)

项目编码	项目名称	项目特征	计量单位	工程量计算规则	工作内容
011102001	石材楼地面	1. 找平层厚度、砂浆配合比 2. 结合层厚度、砂浆配合比 3. 面层材料品种、规格、颜色 4. 嵌缝材料种类 5. 防护层材料种类 6. 酸洗、打蜡要求	m²	按设计图示尺寸以面积计算。门洞、空圈、暖气包槽、壁龛的开口部分并入相应的工程量内	1. 基层清理 2. 抹找平层 3. 面层铺设、磨边 4. 嵌缝 5. 刷防护材料 6. 酸洗、打蜡 7. 材料运输
011102002	碎石材楼地面				
011102003	块料楼地面				

注：1. 在描述碎石材项目的面层材料特征时可不用描述规格、品牌、颜色。
2. 石材、块料与粘接材料的结合面刷防渗材料的种类在防护层材料种类中描述。
3. 本表工作内容中的磨边指施工现场磨边，后面章节工作内容中涉及的磨边含义同此条。

3. 橡塑面层

橡塑面层工程量清单项目的设置、项目特征描述的内容、计量单位、工程量计算规则应按表 5-40 的规定执行。

表 5-40 橡塑面层(编码：011103)

项目编码	项目名称	项目特征	计量单位	工程量计算规则	工作内容
011103001	橡胶板楼地面	1. 粘结层厚度、材料种类 2. 面层材料品种、规格、颜色 3. 压线条种类	m²	按设计图示尺寸以面积计算。门洞、空圈、暖气包槽、壁龛的开口部分并入相应的工程量内	1. 基层清理 2. 面层铺贴 3. 压缝条装钉 4. 材料运输
011103002	橡胶板卷材楼地面				
011103003	塑料板楼地面				
011103004	塑料卷材楼地面				

注：本表项目中如涉及找平层，另按《工程量计算规范》附录表 L.1 找平层项目编码列项。

4. 其他材料面层

其他材料面层工程量清单项目的设置、项目特征描述的内容、计量单位、工程量计算规则应按表 5-41 的规定执行。

表 5-41 其他材料面层(编码：011104)

项目编码	项目名称	项目特征	计量单位	工程量计算规则	工作内容
011104001	地毯楼地面	1. 面层材料品种、规格、颜色 2. 防护材料种类 3. 粘结材料种类 4. 压线条种类	m²	按设计图示尺寸以面积计算。门洞、空圈、暖气包槽、壁龛的开口部分并入相应的工程量内	1. 基层清理 2. 铺贴面层 3. 刷防护材料 4. 装钉压条 5. 材料运输

续表

项目编码	项目名称	项目特征	计量单位	工程量计算规则	工作内容
011104002	竹、木(复合)地板	1. 龙骨材料种类、规格、铺设间距 2. 基层材料种类、规格 3. 面层材料品种、规格、颜色 4. 防护材料种类	m²	按设计图示尺寸以面积计算。门洞、空圈、暖气包槽、壁龛的开口部分并入相应的工程量内	1. 基层清理 2. 龙骨铺设 3. 基层铺设 4. 面层铺贴 5. 刷防护材料 6. 材料运输
011104003	金属复合地板				
011104004	防静电活动地板	1. 支架高度、材料种类 2. 面层材料品种、规格、颜色 3. 防护材料种类			1. 基层清理 2. 固定支架安装 3. 活动面层安装 4. 刷防护材料 5. 材料运输

5. 踢脚线

踢脚线工程量清单项目的设置、项目特征描述的内容、计量单位、工程量计算规则应按表 5-42 的规定执行。

表 5-42 踢脚线(编码：011105)

项目编码	项目名称	项目特征	计量单位	工程量计算规则	工作内容
011105001	水泥砂浆踢脚线	1. 踢脚线高度 2. 底层厚度、砂浆配合比 3. 面层厚度、砂浆配合比	1. m² 2. m	1. 以平方米计量，按设计图示长度乘高度以面积计算 2. 以米计量，按延长米计算	1. 基层清理 2. 底层和面层抹灰 3. 材料运输
011105002	石材踢脚线	1. 踢脚线高度 2. 粘贴层厚度、材料种类 3. 面层材料品种、规格、颜色 4. 防护材料种类			1. 基层清理 2. 底层抹灰 3. 面层铺贴、磨边 4. 擦缝 5. 磨光、酸洗、打蜡 6. 刷防护材料 7. 材料运输
011105003	块料踢脚线				
011105004	塑料板踢脚线	1. 踢脚线高度 2. 粘结层厚度、材料种类 3. 面层材料种类、规格、颜色			1. 基层清理 2. 基层铺贴 3. 面层铺贴 4. 材料运输
011105005	木质踢脚线	1. 踢脚线高度 2. 基层材料种类、规格 3. 面层材料品种、规格、颜色			
011105006	金属踢脚线				
011105007	防静电踢脚线				

注：石材、块料与粘接材料的结合面刷防渗材料的种类在防护层材料种类中描述。

6. 楼梯面层

楼梯面层工程量清单项目的设置、项目特征描述的内容、计量单位、工程量计算规则应按表 5-43 的规定执行。

表 5-43　楼梯面层(编码：011106)

项目编码	项目名称	项目特征	计量单位	工程量计算规则	工作内容
011106001	石材楼梯面层	1. 找平层厚度、砂浆配合比 2. 粘结层厚度、材料种类 3. 面层材料品种、规格、颜色 4. 防滑条材料种类、规格 5. 勾缝材料种类 6. 防护层材料种类 7. 酸洗、打蜡要求	m²	按设计图示尺寸以楼梯(包括踏步、休息平台及≤500 mm 的楼梯井)水平投影面积计算。楼梯与楼地面相连时，算至梯口梁内侧边沿；无梯口梁者，算至最上一层踏步边沿加300 mm	1. 基层清理 2. 抹找平层 3. 面层铺贴、磨边 4. 贴嵌防滑条 5. 勾缝 6. 刷防护材料 7. 酸洗、打蜡 8. 材料运输
011106002	块料楼梯面层	^			
011106003	拼碎块料面层	^			
011106004	水泥砂浆楼梯面层	1. 找平层厚度、砂浆配合比 2. 面层厚度、砂浆配合比 3. 防滑条材料种类、规格			1. 基层清理 2. 抹找平层 3. 抹面层 4. 抹防滑条 5. 材料运输
011106005	现浇水磨石楼梯面层	1. 找平层厚度、砂浆配合比 2. 面层厚度、水泥石子浆配合比 3. 防滑条材料种类、规格 4. 石子种类、规格、颜色 5. 颜料种类、颜色 6. 磨光、酸洗打蜡要求			1. 基层清理 2. 抹找平层 3. 抹面层 4. 贴嵌防滑条 5. 磨光、酸洗、打蜡 6. 材料运输
011106006	地毯楼梯面层	1. 基层种类 2. 面层材料品种、规格、颜色 3. 防护材料种类 4. 粘结材料种类 5. 固定配件材料种类、规格			1. 基层清理 2. 铺贴面层 3. 固定配件安装 4. 刷防护材料 5. 材料运输
011106007	木板楼梯面层	1. 基层材料种类、规格 2. 面层材料品种、规格、颜色 3. 粘结材料种类 4. 防护材料种类			1. 基层清理 2. 基层铺贴 3. 面层铺贴 4. 刷防护材料 5. 材料运输
011106008	橡胶板楼梯面层	1. 粘结层厚度、材料种类 2. 面层材料品种、规格、颜色 3. 压线条种类			1. 基层清理 2. 面层铺贴 3. 压缝条装钉 4. 材料运输
011106009	塑料板楼梯面层	^			

注：1. 在描述碎石材项目的面层材料特征时可不用描述规格、颜色。
2. 石材、块料与粘接材料的结合面刷防渗材料的种类在防护材料种类中描述。

7. 台阶装饰

台阶装饰工程量清单项目的设置、项目特征描述的内容、计量单位、工程量计算规则应按表 5-44 的规定执行。

表 5-44　台阶装饰（编码：011107）

项目编码	项目名称	项目特征	计量单位	工程量计算规则	工作内容
011107001	石材台阶面	1. 找平层厚度、砂浆配合比 2. 粘结层材料种类 3. 面层材料品种、规格、颜色 4. 勾缝材料种类 5. 防滑条材料种类、规格 6. 防护材料种类	m^2	按设计图示尺寸以台阶（包括最上层踏步边沿加 300 mm）水平投影面积计算	1. 基层清理 2. 抹找平层 3. 面层铺贴 4. 贴嵌防滑条 5. 勾缝 6. 刷防护材料 7. 材料运输
011107002	块料台阶面				
011107003	拼碎块料台阶面				
011107004	水泥砂浆台阶面	1. 找平层厚度、砂浆配合比 2. 面层厚度、砂浆配合比 3. 防滑条材料种类			1. 基层清理 2. 抹找平层 3. 抹面层 4. 抹防滑条 5. 材料运输
011107005	现浇水磨石台阶面	1. 找平层厚度、砂浆配合比 2. 面层厚度、水泥石子浆配合比 3. 防滑条材料种类、规格 4. 石子种类、规格、颜色 5. 颜料种类、颜色 6. 磨光、酸洗、打蜡要求			1. 清理基层 2. 抹找平层 3. 抹面层 4. 贴嵌防滑条 5. 打磨、酸洗、打蜡 6. 材料运输
011107006	剁假石台阶面	1. 找平层厚度、砂浆配合比 2. 面层厚度、砂浆配合比 3. 剁假石要求			1. 清理基层 2. 抹找平层 3. 抹面层 4. 剁假石 5. 材料运输

注：1. 在描述碎石材项目的面层材料特征时可不用描述规格、颜色。
　　2. 石材、块料与粘接材料的结合面刷防渗材料的种类在防护层材料种类中描述。

8. 零星装饰项目

零星装饰项目工程量清单项目的设置、项目特征描述的内容、计量单位、工程量计算规则应按表 5-45 的规定执行。

表 5-45 零星装饰项目(编码：011108)

项目编码	项目名称	项目特征	计量单位	工程量计算规则	工作内容
011108001	石材零星项目	1. 工程部位 2. 找平层厚度、砂浆配合比 3. 贴结合层厚度、材料种类 4. 面层材料品种、规格、颜色 5. 勾缝材料种类 6. 防护材料种类 7. 酸洗、打蜡要求	m²	按设计图示尺寸以面积计算	1. 清理基层 2. 抹找平层 3. 面层铺贴、磨边 4. 勾缝 5. 刷防护材料 6. 酸洗、打蜡 7. 材料运输
011108002	拼碎石材零星项目				
011108003	块料零星项目				
011108004	水泥砂浆零星项目	1. 工程部位 2. 找平层厚度、砂浆配合比 3. 面层厚度、砂浆厚度			1. 清理基层 2. 抹找平层 3. 抹面层 4. 材料运输

注：1. 楼梯、台阶牵边和侧面镶贴块料面层，不大于 0.5 m² 的少量分散的楼地面镶贴块料面层，应按本表执行。
    2. 石材、块料与粘结材料的结合面刷防渗材料的种类在防护材料种类中描述。

十二、墙、柱面装饰与隔断、幕墙工程

1. 墙面抹灰

墙面抹灰工程量清单项目的设置、项目特征描述的内容、计量单位、工程量计算规则应按表 5-46 的规定执行。

表 5-46 墙面抹灰(编码：011201)

项目编码	项目名称	项目特征	计量单位	工程量计算规则	工作内容
011201001	墙面一般抹灰	1. 墙体类型 2. 底层厚度、砂浆配合比 3. 面层厚度、砂浆配合比 4. 装饰面材料种类 5. 分格缝宽度、材料种类	m²	按设计图示尺寸以面积计算。扣除墙裙、门窗洞口及单个>0.3 m² 的孔洞面积，不扣除踢脚线、挂镜线和墙与构件交接处的面积，门窗洞口和孔洞的侧壁及顶面不增加面积。附墙柱、梁、垛、烟囱侧壁并入相应的墙面面积内	1. 基层清理 2. 砂浆制作、运输 3. 底层抹灰 4. 抹面层 5. 抹装饰面 6. 勾分格缝
011201002	墙面装饰抹灰				
011201003	墙面勾缝	1. 勾缝类型 2. 勾缝材料种类		1. 外墙抹灰面积按外墙垂直投影面积计算 2. 外墙裙抹灰面积按其长度乘以高度计算	1. 基层清理 2. 砂浆制作、运输 3. 勾缝

续表

项目编码	项目名称	项目特征	计量单位	工程量计算规则	工作内容
011201004	立面砂浆找平层	1. 基层类型 2. 找平层砂浆厚度、配合比	m²	3. 内墙抹灰面积按主墙间的净长乘以高度计算 （1）无墙裙的，高度按室内楼地面至天棚底面计算 （2）有墙裙的，高度按墙裙顶至天棚底面计算 （3）有吊顶天棚抹灰，高度算至天棚底 4. 内墙裙抹灰面按内墙净长乘以高度计算	1. 基层清理 2. 砂浆制作、运输 3. 抹灰找平

注：1. 立面砂浆找平项目适用于仅做找平层的立面抹灰。
2. 墙面抹石灰砂浆、水泥砂浆、混合砂浆、聚合物水泥砂浆、麻刀石灰浆、石膏灰浆等按本表中墙面一般抹灰列项，墙面水刷石、斩假石、干粘石、假面砖等按墙面装饰抹灰列项。
3. 飘窗凸出外墙面增加的抹灰并入外墙工程量内。
4. 有吊顶天棚的内墙面抹灰，抹至吊顶以上部分在综合单价中考虑。

2. 柱(梁)面抹灰

柱(梁)面抹灰工程量清单项目的设置、项目特征描述的内容、计量单位、工程量计算规则应按表5-47的规定执行。

表5-47 柱(梁)面抹灰(编码：011202)

项目编码	项目名称	项目特征	计量单位	工程量计算规则	工作内容
011202001	柱、梁面一般抹灰	1. 柱(梁)体类型 2. 底层厚度、砂浆配合比 3. 面层厚度、砂浆配合比 4. 装饰面材料种类 5. 分格缝宽度、材料种类	m²	1. 柱面抹灰：按设计图示柱断面周长乘高度以面积计算 2. 梁面抹灰：按设计图示梁断面周长乘长度以面积计算	1. 基层清理 2. 砂浆制作、运输 3. 底层抹灰 4. 抹面层 5. 勾分格缝
011202002	柱、梁面装饰抹灰				
011202003	柱、梁面砂浆找平	1. 柱(梁)体类型 2. 找平的砂浆厚度、配合比			1. 基层清理 2. 砂浆制作、运输 3. 抹灰找平
011202004	柱面勾缝	1. 勾缝类型 2. 勾缝材料种类		按设计图示柱断面周长乘高度以面积计算	1. 基层清理 2. 砂浆制作、运输 3. 勾缝

注：1. 砂浆找平项目适用于仅做找平层的柱(梁)面抹灰。
2. 柱(梁)面抹石灰砂浆、水泥砂浆、混合砂浆、聚合物水泥砂浆、麻刀石灰浆、石膏灰浆等按本表中柱(梁)面一般抹灰编码列项；柱(梁)面水刷石、斩假石、干粘石、假面砖等按本表柱(梁)面装饰抹灰编码列项。

3. 零星抹灰

零星抹灰工程量清单项目的设置、项目特征描述的内容、计量单位、工程量计算规则应按表5-48的规定执行。

表 5-48 零星抹灰（编码：011203）

项目编码	项目名称	项目特征	计量单位	工程量计算规则	工作内容
011203001	零星项目一般抹灰	1. 基层类型、部位 2. 底层厚度、砂浆配合比 3. 面层厚度、砂浆配合比 4. 装饰面材料种类 5. 分格缝宽度、材料种类	m²	按设计图示尺寸以面积计算	1. 基层清理 2. 砂浆制作、运输 3. 底层抹灰 4. 抹面层 5. 抹装饰面 6. 勾分格缝
011203002	零星项目装饰抹灰	1. 基层类型、部位 2. 底层厚度、砂浆配合比 3. 面层厚度、砂浆配合比 4. 装饰面材料种类 5. 分格缝宽度、材料种类	m²	按设计图示尺寸以面积计算	
011203003	零星项目砂浆找平	1. 基层类型、部位 2. 找平的砂浆厚度、配合比			1. 基层清理 2. 砂浆制作、运输 3. 抹灰找平

注：1. 零星项目抹石灰砂浆、水泥砂浆、混合砂浆、聚合物水泥砂浆、麻刀石灰浆、石膏灰浆等按本表零星项目一般抹灰编码列项，水刷石、斩假石、干粘石、假面砖等按本表零星项目装饰抹灰编码列项。

2. 墙、柱（梁）面≤0.5 m² 的少量分散的抹灰按本表中零星抹灰项目编码列项。

4. 墙面块料面层

墙面块料面层工程量清单项目的设置、项目特征描述的内容、计量单位、工程量计算规则应按表 5-49 的规定执行。

表 5-49 墙面块料面层（编码：011204）

项目编码	项目名称	项目特征	计量单位	工程量计算规则	工作内容
011204001	石材墙面	1. 墙体类型 2. 安装方式 3. 面层材料品种、规格、颜色 4. 缝宽、嵌缝材料种类 5. 防护材料种类 6. 磨光、酸洗、打蜡要求	m²	按镶贴表面积计算	1. 基层清理 2. 砂浆制作、运输 3. 粘结层铺贴 4. 面层安装 5. 嵌缝 6. 刷防护材料 7. 磨光、酸洗、打蜡
011204002	拼碎石材墙面				
011204003	块料墙面				
011204004	干挂石材钢骨架	1. 骨架种类、规格 2. 防锈漆品种遍数	t	按设计图示以质量计算	1. 骨架制作、运输、安装 2. 刷漆

注：1. 在描述碎块项目的面层材料特征时可不用描述规格、颜色。

2. 石材、块料与粘结材料的结合面刷防渗材料的种类在防护层材料种类中描述。

3. 安装方式可描述为砂浆或粘结剂粘贴、挂贴、干挂等，不论哪种安装方式，都要详细描述与组价相关的内容。

5. 柱(梁)面镶贴块料

柱(梁)面镶贴块料工程量清单项目的设置、项目特征描述的内容、计量单位、工程量计算规则应按表 5-50 的规定执行。

表 5-50 柱(梁)面镶贴块料(编码：011205)

项目编码	项目名称	项目特征	计量单位	工程量计算规则	工作内容
011205001	石材柱面	1. 柱截面类型、尺寸 2. 安装方式 3. 面层材料品种、规格、颜色 4. 缝宽、嵌缝材料种类 5. 防护材料种类 6. 磨光、酸洗、打蜡要求	m²	按镶贴表面积计算	1. 基层清理 2. 砂浆制作、运输 3. 粘结层铺贴 4. 面层安装 5. 嵌缝 6. 刷防护材料 7. 磨光、酸洗、打蜡
011205002	块料柱面	^	^	^	^
011205003	拼碎块柱面	^	^	^	^
011205004	石材梁面	1. 安装方式 2. 面层材料品种、规格、颜色 3. 缝宽、嵌缝材料种类 4. 防护材料种类 5. 磨光、酸洗、打蜡要求	^	^	^
011205005	块料梁面	^	^	^	^

注：1. 在描述碎块项目的面层材料特征时可不用描述规格、颜色。
2. 石材、块料与粘接材料的结合面刷防渗材料的种类在防护层材料种类中描述。
3. 柱梁面干挂石材的钢骨架按表 5-49 相应项目编码列项。

6. 镶贴零星块料

镶贴零星块料工程量清单项目的设置、项目特征描述的内容、计量单位、工程量计算规则应按表 5-51 的规定执行。

表 5-51 镶贴零星块料(编码：011206)

项目编码	项目名称	项目特征	计量单位	工程量计算规则	工作内容
011206001	石材零星项目	1. 基层类型、部位 2. 安装方式 3. 面层材料品种、规格、颜色 4. 缝宽、嵌缝材料种类 5. 防护材料种类 6. 磨光、酸洗、打蜡要求	m²	按镶贴表面积计算	1. 基层清理 2. 砂浆制作、运输 3. 面层安装 4. 嵌缝 5. 刷防护材料 6. 磨光、酸洗、打蜡
011206002	块料零星项目	^	^	^	^
011206003	拼碎块零星项目	^	^	^	^

注：1. 在描述碎块项目的面层材料特征时可不用描述规格、颜色。
2. 石材、块料与粘接材料的结合面刷防渗材料的种类在防护层材料种类中描述。
3. 零星项目干挂石材的钢骨架按表 5-49 相应项目编码列项。
4. 墙柱面≤0.5 m² 的少量分散的镶贴块料面层应按本表中零星项目执行。

7. 墙饰面

墙饰面工程量清单项目的设置、项目特征描述的内容、计量单位、工程量计算规则应按表5-52的规定执行。

表5-52　墙饰面(编码：011207)

项目编码	项目名称	项目特征	计量单位	工程量计算规则	工作内容
011207001	墙面装饰板	1. 龙骨材料种类、规格、中距 2. 隔离层材料种类、规格 3. 基层材料种类、规格 4. 面层材料品种、规格、颜色 5. 压条材料种类、规格	m²	按设计图示墙净长乘净高以面积计算。扣除门窗洞口及单个>0.3 m²的孔洞所占面积	1. 基层清理 2. 龙骨制作、运输、安装 3. 钉隔离层 4. 基层铺钉 5. 面层铺贴

8. 柱(梁)饰面

柱(梁)饰面工程量清单项目的设置、项目特征描述的内容、计量单位、工程量计算规则应按表5-53的规定执行。

表5-53　柱(梁)饰面(编码：011208)

项目编码	项目名称	项目特征	计量单位	工程量计算规则	工作内容
011208001	柱(梁)面装饰	1. 龙骨材料种类、规格、中距 2. 隔离层材料种类 3. 基层材料种类、规格 4. 面层材料品种、规格、颜色 5. 压条材料种类、规格	m²	按设计图示饰面外围尺寸以面积计算。柱帽、柱墩并入相应柱饰面工程量内	1. 清理基层 2. 龙骨制作、运输、安装 3. 钉隔离层 4. 基层铺钉 5. 面层铺贴

9. 幕墙工程

幕墙工程工程量清单项目的设置、项目特征描述的内容、计量单位、工程量计算规则应按表5-54的规定执行。

表5-54　幕墙工程(编码：011209)

项目编码	项目名称	项目特征	计量单位	工程量计算规则	工作内容
011209001	带骨架幕墙	1. 骨架材料种类、规格、中距 2. 面层材料品种、规格、颜色 3. 面层固定方式 4. 隔离带、框边封闭材料品种、规格 5. 嵌缝、塞口材料种类	m²	按设计图示框外围尺寸以面积计算。与幕墙同材质的窗所占面积不扣除	1. 骨架制作、运输、安装 2. 面层安装 3. 隔离带、框边封闭 4. 嵌缝、塞口 5. 清洗
011209002	全玻(无框玻璃)幕墙	1. 玻璃品种、规格、颜色 2. 粘结塞口材料种类 3. 固定方式	m²	按设计图示尺寸以面积计算。带肋全玻幕墙按展开面积计算	1. 幕墙安装 2. 嵌缝、塞口 3. 清洗

注：幕墙钢骨架按表5-49干挂石材钢骨架编码列项。

十三、天棚工程

1. 天棚抹灰

天棚抹灰工程量清单项目的设置、项目特征描述的内容、计量单位、工程量计算规则应按表5-55的规定执行。

表5-55　天棚抹灰（编码：011301）

项目编码	项目名称	项目特征	计量单位	工程量计算规则	工作内容
011301001	天棚抹灰	1. 基层类型 2. 抹灰厚度、材料种类 3. 砂浆配合比	m²	按设计图示尺寸以水平投影面积计算。不扣除间壁墙、垛、柱、附墙烟囱、检查口和管道所占的面积，带梁天棚的梁两侧抹灰面积并入天棚面积内，板式楼梯底面抹灰按斜面积计算，锯齿形楼梯底板抹灰按展开面积计算	1. 基层清理 2. 底层抹灰 3. 抹面层

2. 天棚吊顶

天棚吊顶工程量清单项目的设置、项目特征描述的内容、计量单位、工程量计算规则应按表5-56的规定执行。

表5-56　天棚吊顶（编码：011302）

项目编码	项目名称	项目特征	计量单位	工程量计算规则	工作内容
011302001	吊顶天棚	1. 吊顶形式、吊杆规格、高度 2. 龙骨材料种类、规格、中距 3. 基层材料种类、规格 4. 面层材料品种、规格 5. 压条材料种类、规格 6. 嵌缝材料种类 7. 防护材料种类	m²	按设计图示尺寸以水平投影面积计算。天棚面中的灯槽及跌级、锯齿形、吊挂式、藻井式天棚面积不展开计算。不扣除间壁墙、检查口、附墙烟囱、柱垛和管道所占面积，扣除单个>0.3 m²的孔洞、独立柱及与天棚相连的窗帘盒所占的面积	1. 基层清理、吊杆安装 2. 龙骨安装 3. 基层板铺贴 4. 面层铺贴 5. 嵌缝 6. 刷防护材料
011302002	格栅吊顶	1. 龙骨材料种类、规格、中距 2. 基层材料种类、规格 3. 面层材料品种、规格 4. 防护材料种类		按设计图示尺寸以水平投影面积计算	1. 基层清理 2. 安装龙骨 3. 基层板铺贴 4. 面层铺贴 5. 刷防护材料
011302003	吊筒吊顶	1. 吊筒形状、规格 2. 吊筒材料种类 3. 防护材料种类			1. 基层清理 2. 吊筒制作安装 3. 刷防护材料

十四、措施项目清单项目设置

1. 脚手架工程

脚手架工程工程量清单项目设置、项目特征描述的内容、计量单位及工程量计算规则，应按表 5-57 的规定执行。

表 5-57　脚手架工程（编码：011701）

项目编码	项目名称	项目特征	计量单位	工程量计算规则	工作内容
011701001	综合脚手架	1. 建筑结构形式 2. 檐口高度	m²	按建筑面积计算	1. 场内、场外材料搬运 2. 搭、拆脚手架、斜道、上料平台 3. 安全网的铺设 4. 选择附墙点与主体连接 5. 测试电动装置、安全锁等 6. 拆除脚手架后材料的堆放
011701002	外脚手架	1. 搭设方式 2. 搭设高度 3. 脚手架材质	m²	按所服务对象的垂直投影面积计算	1. 场内、场外材料搬运 2. 搭、拆脚手架、斜道、上料平台 3. 安全网的铺设 4. 拆除脚手架后材料的堆放
011701003	里脚手架				
011701004	悬空脚手架	1. 搭设方式 2. 悬挑宽度 3. 脚手架材质		按搭设的水平投影面积计算	
011701005	挑脚手架		m	按搭设长度乘以搭设层数以延长米计算	
011701006	满堂脚手架	1. 搭设方式 2. 搭设高度 3. 脚手架材质	m²	按搭设的水平投影面积计算	
011701007	整体提升架	1. 搭设方式及启动装置 2. 搭设高度	m²	按所服务对象的垂直投影面积计算	1. 场内、场外材料搬运 2. 选择附墙点与主体连接 3. 搭、拆脚手架、斜道、上料平台 4. 安全网的铺设 5. 测试电动装置、安全锁等 6. 拆除脚手架后材料的堆放
011701008	外装饰吊篮	1. 升降方式及启动装置 2. 搭设高度及吊篮型号			1. 场内、场外材料搬运 2. 吊篮的安装 3. 测试电动装置、安全锁、平衡控制器等 4. 吊篮的拆卸

注：1. 使用综合脚手架时，不再使用外脚手架、里脚手架等单项脚手架；综合脚手架适用于能够按"建筑面积计算规则"计算建筑面积的建筑工程脚手架，不适用于房屋加层、构筑物及附属工程脚手架。
　　2. 同一建筑物有不同檐高时，按建筑物竖向切面分别按不同檐高编列清单项目。
　　3. 整体提升架已包括 2 m 高的防护架体设施。
　　4. 脚手架材质可以不描述，但应注明由投标人根据工程实际情况按照《建筑施工扣件式钢管脚手架安全技术规范》（JGJ 130—2011）、《建筑施工附着升降脚手架管理规定》（建筑〔2000〕230 号）等规范自行确定。

2. 混凝土模板及支架(撑)

混凝土模板及支架(撑)混凝土模板及支架(撑)工程量清单项目设置、项目特征描述的内容、计量单位、工程量计算规则及工作内容，应按表5-58的规定执行。

表5-58 混凝土模板及支架(撑)(编码：011702)

项目编码	项目名称	项目特征	计量单位	工程量计算规则	工作内容
011702001	基础	基础形状	m²	按模板与现浇混凝土构件的接触面积计算 1. 现浇钢筋混凝土墙、板单孔面积≤0.3 m²的孔洞不予扣除，洞侧壁模板也不增加；单孔面积＞0.3 m²时应予扣除，洞侧壁模板面积并入墙、板工程量内计算 2. 现浇框架分别按梁、板、柱有关规定计算；附墙柱、暗梁、暗柱并入墙内工程量内计算 3. 柱、梁、墙、板相互连接的重叠部分，均不计算模板面积。 4. 构造柱按图示外露部分计算模板面积	1. 模板制作 2. 模板安装、拆除、整理堆放及场内外运输 3. 清理模板粘结物及模内杂物、刷隔离剂等
011702002	矩形柱				
011702003	构造柱				
011702004	异形柱	柱截面形状			
011702005	基础梁	梁截面形状			
011702006	矩形梁	支撑高度			
011702007	异形梁	1. 梁截面形状 2. 支撑高度			
011702008	圈梁				
011702009	过梁				
011702010	弧形、拱形梁	1. 梁截面形状 2. 支撑高度			
011702011	直形墙				
011702012	弧形墙				
011702013	短肢剪力墙、电梯井壁				
011702014	有梁板				
011702015	无梁板				
011702016	平板				
011702017	拱板	支撑高度			
011702018	薄壳板				
011702019	空心板				
011702020	其他板				
011702021	栏板				
011702022	天沟、檐沟	构件类型		按模板与现浇混凝土构件的接触面积计算	
011702023	雨篷、悬挑板、阳台板	1. 构件类型 2. 板厚度类型		按图示外挑部分尺寸的水平投影面积计算，挑出墙外的悬臂梁及板边不另计算	
011702024	楼梯	构件类型		按楼梯(包括休息平台、平台梁、斜梁和楼层板的连接梁)的水平投影面积计算，不扣除宽度≤500 mm的楼梯井所占面积，楼梯踏步、踏步板、平台梁等侧面模板不另计算，伸入墙内部分也不增加	

续表

项目编码	项目名称	项目特征	计量单位	工程量计算规则	工作内容
011702025	其他现浇构件	构件类型	m²	按模板与现浇混凝土构件的接触面积计算	1. 模板制作 2. 模板安装、拆除、整理堆放及场内外运输 3. 清理模板粘结物及模内杂物、刷隔离剂等
011702026	电缆沟、地沟	1. 沟类型 2. 沟截面		按模板与电缆沟、地沟接触的面积计算	
011702027	台阶	台阶踏步宽		按图示台阶水平投影面积计算,台阶端头两侧不另计算模板面积。架空式混凝土台阶,按现浇楼梯计算	
011702028	扶手	扶手断面尺寸		按模板与扶手的接触面积计算	
011702029	散水			按模板与散水的接触面积计算	
011702030	后浇带	后浇带部位		按模板与后浇带的接触面积计算	
011702031	化粪池	1. 化粪池部位 2. 化粪池规格		按模板与混凝土的接触面积计算	
011702032	检查井	1. 检查井部位 2. 检查井规格			

注:1. 原槽浇灌的混凝土基础、垫层,不计算模板。
2. 混凝土模板及支撑(架)项目,只适用于以平方米计量,按模板与混凝土构件的接触面积计算。以立方米计量的模板及支撑(支架),按混凝土及钢筋混凝土实体项目执行,综合单价中应包含模板及支撑(支架)。
3. 采用清水模板时,应在特征中注明。
4. 若采用现浇混凝土梁、板支撑高度超过 3.6 m 时,项目特征应描述支撑高度。

3. 垂直运输

垂直运输工程量清单项目设置、项目特征描述的内容、计量单位、工程量计算规则应按表 5-59 的规定执行。

表 5-59　垂直运输(编码:011703)

项目编码	项目名称	项目特征	计量单位	工程量计算规则	工作内容
011703001	垂直运输	1. 建筑物建筑类型及结构形式 2. 地下室建筑面积 3. 建筑物檐口高度、层数	1. m² 2. 天	1. 按建筑面积计算 2. 按施工工期日历天数	1. 垂直运输机械的固定装置、基础制作、安装 2. 行走式垂直运输机械轨道的铺设、拆除、摊销

注:1. 建筑物的檐口高度是指设计室外地坪至檐口滴水的高度(平屋顶系指屋面板底高度),凸出主体建筑物屋顶的电梯机房、楼梯出口间、水箱间、瞭望塔、排烟机房等不计入檐口高度。
2. 垂直运输机械指施工工程在合理工期内所需垂直运输机械。
3. 同一建筑物有不同檐高时,按建筑物的不同檐高做纵向分割,分别计算建筑面积,以不同檐高分别编码列项。

4. 超高施工增加

超高施工增加工程量清单项目设置、项目特征描述的内容、计量单位、工程量计算规则应按表5-60的规定执行。

表5-60　超高施工增加(编码：011704)

项目编码	项目名称	项目特征	计量单位	工程量计算规则	工作内容
011704001	超高施工增加	1. 建筑物建筑类型及结构形式 2. 建筑物檐口高度、层数 3. 单层建筑物檐口高度超过20 m，多层建筑物超过6层部分的建筑面积	m²	按建筑物超高部分的建筑面积	1. 建筑物超高引起的人工工效降低以及由于人工工效降低引起的机械降效 2. 高层施工用水加压水泵的安装、拆除及工作台班 3. 通信联络设备的使用及摊销

注：1. 单层建筑物檐口高度超过20 m，多层建筑物超过6层时，可按超高部分的建筑面积计算超高施工增加。计算层数时，地下室不计入层数。
　　2. 同一建筑物有不同檐高时，可按不同高度的建筑面积分别计算建筑面积，以不同檐高分别编码列项。

5. 大型机械设备进出场及安拆

大型机械设备进出场及安拆工程量清单项目设置、项目特征描述的内容、计量单位、工程量计算规则应按表5-61的规定执行。

表5-61　大型机械设备进出场及安拆(编码：011705)

项目编码	项目名称	项目特征	计量单位	工程量计算规则	工作内容
011705001	大型机械设备进出场及安拆	1. 机械设备名称 2. 机械设备规格型号	台次	按使用机械设备的数量计算	1. 安拆费包括施工机械、设备在现场进行安装、拆卸所需人工、材料、机械和试运转费用以及机械辅助设施的折旧、搭设、拆除等费用 2. 进出场费用包括施工机械、设备整体或分体自停放地点运至施工现场或由一施工地点云至另一施工地点所发生的运输、拆卸、辅助材料等费用

6. 施工排水、降水

施工排水、降水工程量清单项目设置、项目特征描述的内容、计量单位、工程量计算规则应按表5-62的规定执行。

表 5-62 施工排水、降水(编码：011706)

项目编码	项目名称	项目特征	计量单位	工程量计算规则	工作内容
011706001	成井	1. 成井方式 2. 地层情况 3. 成井直径 4. 井(滤)管类型、直径	m	按设计图示尺寸钻孔深度计算	1. 准备钻孔机械、埋设护筒、钻机就位；泥浆制作、固壁；成孔、出渣、清孔等 2. 对接上下井管(滤管)，焊接、安放、下滤料，洗井，连接试抽等
011706002	排水、降水	1. 机械规格型号 2. 降排水管规格	昼夜	按排、降水日历天数算	1. 管道安装、拆除，场内搬运等 2. 抽水、值班降水设备维修等

注：相应专项设计部具备时，可按暂估量计算。

7. 安全文明施工及其他措施项目

安全文明施工及其他措施项目工程量清单项目设置、计量单位、工作内容及包含范围应按表 5-63 的规定执行。

表 5-63 安全文明施工及其他措施项目(编码：011707)

项目编码	项目名称	工作内容及包含范围
011707001	安全文明施工	1. 环境保护：现场施工机械设备降低噪音、防扰民措施；水泥和其他易飞扬细颗粒建筑材料密闭存放或采取覆盖措施等；工程防扬尘洒水费用；土石方、建渣外运车辆防护措施等；现场污染源的控制、生活垃圾清理外运、场地排水排污措施的费用；其他环境保护措施费用 2. 文明施工："五牌一图"的费用；现场围挡的墙面美化(包括内外粉刷、刷白、标语等)、压顶装饰；现场厕所便槽刷白、贴面砖，水泥砂浆地面或地砖费用，建筑物内临时便溺设施；其他施工现场临时设施的装饰装修、美化措施；现场生活卫生设施；符合卫生要求的饮水设备、淋浴、消毒等设施；生活用洁净燃料；防煤气中毒、防蚊虫叮咬等措施；施工现场操作场地的硬化；现场绿化、治安综合治理；现场配备医药保健器材、物品和急救人员培训；用于现场工人的防暑降温费、电风扇、空调等设备及用电；其他文明施工措施 3. 安全施工：安全资料、特殊作业专项方案的编制，安全施工标志的购置及安全宣传；"三宝"(安全帽、安全带、安全网)、"四口"(楼梯口、电梯井口、通道口、预留洞口)、"五临边"(阳台围边、楼板围边、屋面围边、槽坑围边、卸料平台两侧)，水平防护架、垂直防护架、外架封闭等防护；施工安全用电，包括配电箱三级配电、两级保护装置要求、外电防护措施；起重机、塔吊等起重设备(含井架、门架)及外用电梯的安全防护措施(含警示标志)及卸料平台的临边防护、层间安全门、防护棚等设施；建筑工地起重机械的检验检测；施工机具防护棚及其围栏的安全保护设施；施工安全防护通道；工人的安全防护用品、用具购置；消防设施与消防器材的配置；电气保护、安全照明设施；其他安全防护措施 4. 临时设施：施工现场采用彩色、定型钢板，砖、砼砌块等围挡的安砌、维修、拆除；施工现场临时建筑物、构筑物的搭设、维修、拆除，如临时宿舍、办公室，食堂、厨房、厕所、诊疗所、临时文化福利用房、临时仓库、加工场、搅拌台、临时简易水塔、水池等。施工现场临时设施的搭设、维修、拆除，如临时供水管道、临时供电管线、小型临时设施等；施工现场规定范围内临时简易道路铺设，临时排水沟、排水设施安砌、维修、拆除的费用；其他临时设施费搭设、维修、拆除

续表

项目编码	项目名称	工作内容及包含范围
011707002	夜间施工	1. 夜间固定照明灯具和临时可移动照明灯具的设置、拆除 2. 夜间施工时,施工现场交通标志、安全标牌、警示灯等的设置、移动、拆除 3. 包括夜间照明设备摊销及照明用电、施工人员夜班补助、夜间施工劳动效率降低等
011707003	非夜间施工照明	为保证工程施工正常进行,在如地下室等特殊施工部位施工时所采用的照明设备的安拆、维护、摊销及照明用电等
011707004	二次搬运	包括由于施工场地条件限制而发生的材料、成品、半成品等一次运输不能到达堆放地点,必须进行二次或多次搬运
011707005	冬雨季施工	1. 冬雨(风)季施工时增加的临时设施(防寒保温、防雨、防风设施)的搭设、拆除 2. 冬雨(风)季施工时,对砌体、混凝土等采用的特殊加温、保温和养护措施 3. 冬雨(风)季施工时,施工现场的防滑处理、对影响施工的雨雪的清除 4. 包括冬雨(风)季施工时增加的临时设施的摊销、施工人员的劳动保护用品、冬雨(风)季施工劳动效率降低等
011707006	地上、地下设施、建筑物的临时保护设施	在工程施工过程中,对已建成的地上、地下设施和建筑物进行的遮盖、封闭、隔离等必要保护措施
011707007	已完工程及设备保护	对已完工程及设备采取的覆盖、包裹、封闭、隔离等必要保护措施

注:本表所列项目应根据工工程实际情况计算措施项目费用,需分摊的应合理计算摊销费用。

第三节 企业定额

当前我国工程造价管理体制的改革不断深入,"政府宏观调控、市场形成价格、企业自主报价,社会全面监督"是我们努力实现的目标。随着2003年工程量清单计价法的实施,企业自主报价和合理最低价中标迫使施工企业应对自身消耗和利润进行全面了解和控制。施工企业要想在激烈的市场竞争中获胜,必须根据企业自身的技术力量、机械装备、管理水平来制定自己的企业定额。企业定额不仅是企业投标报价和生产经营的最直接依据,也充分反映一个施工企业的技术和管理水平。

1. 企业定额的概念和作用

(1)企业定额的概念。企业定额是施工企业根据本企业的施工技术和管理水平而编制的人工、材料、机械台班等的消耗标准。

企业定额反映企业的施工生产与生产消耗之间的数量关系,是施工企业生产力水平的体现。企业的技术和管理水平不同,企业定额的水平也不同。企业定额是施工企业进行施工管理和投标报价的基础和依据,从一定意义上讲,企业定额是企业的商业机密,是企业参与市场竞争的核心竞争能力的具体体现。

(2)企业定额的作用。企业定额是施工企业生产经营的基础，是施工企业实现现代化科学管理的重要手段。它还是施工企业编制投标报价的依据，是编制施工方案的依据，是企业内部核算的依据。企业定额的制定，有利于施工企业不断提高施工技术水平，加强施工组织管理，降低工程成本，促进企业健康发展。

1)企业定额是编制工程量清单计价的依据。实行工程量清单计价模式一个主要方面是企业自主报价，这就需要建立企业定额。施工企业只有以各自的企业定额为基础作出报价，才能真正反映出企业成本的差异，在施工企业之间形成实力的竞争，从而真正达到市场竞争形成价格的价格形成机制。

2)编制企业定额有助于规范建设市场秩序。企业定额的建立使施工企业能以体现企业自身实力和市场价格水平的报价参与市场竞争，从而避免了施工企业在不清楚自己真实成本的情况下，为了在竞标中取胜无节制压价、降价，造成企业生产效率低下、生产亏损、工程质量和工期得不到保证的现象发生。企业定额体系的建立能够帮助施工企业根据本企业成本和利润期望值进行投标报价，有利于施工企业求生存求发展，逐步形成规范、公平、有序的市场竞争环境。

(3)编制企业定额有利于提高企业管理水平。施工企业要在激烈的市场竞争中处于不败之地，就要降低成本、提高效益。在企业定额的编制管理过程中，能够使企业根据自己的技术、工艺、经营管理水平，对人工、材料、机械台班等各项消耗以及各项费用进行比较准确的测算和控制，进而控制项目成本。同时，企业定额作为企业内部生产管理的标准，对企业提高管理水平，推广先进技术，挖掘潜力，降低成本提供了可靠的基础数据。

2. 企业定额的编制依据及编制原则

(1)企业定额的编制依据。企业定额的编制依据主要有：现行的建筑安装工程施工质量验收规范、操作规程，现行的工程量清单计价规范、消耗量定额、本企业多年积累的施工经验及本企业的施工技术、管理水平等实际情况。

(2)企业定额的编制原则。

1)平均先进原则。企业定额的水平与国家或地区定额的社会平均水平是不一致的，企业定额的水平应当是平均先进水平。所谓平均先进水平是指在正常的施工条件下，某一施工企业的大多数施工班组和生产者经过努力能够达到和超过的水平。这种水平既要在技术上先进，又要在经济上合理可行，是一种可以鼓励中间、鞭策落后的定额水平。它的制定有利于降低人工、材料、机械的消耗，有利于提高企业管理水平和获取最大利益。同时，还能够正确地反映比较先进的施工技术和施工管理水平，以促进施工企业管理水平的不断完善及新技术的不断推广。

2)简明适用原则。简明适用原则是指定额结构要合理，定额步距大小要适当，文字要通俗易懂、计算方法要简便，易为使用者运用。企业定额的设置应符合国家《计价规范》的要求，同时满足施工管理的需要。坚持简明适用原则，主要解决以下四个方面的问题：

①项目划分合理。定额的项目是定额结构形式的主要部分。项目划分合理包含两层意思：一是项目齐全，它关系到定额适用范围的大小。凡是施工过程的一般活动，都应能够从定额中找到它的消耗量标准，应尽可能地把已经成熟和普遍推广的新工艺、新技术、新材料编入定额中。二是粗细恰当，它关系到定额的使用价值。项目划分过粗，形式简明，

但定额水平相差悬殊,精确程度低;项目划分过细,精确程度虽高,但计算复杂,使用不便。

②步距大小适当。所谓步距,是指同类型产品(或同类工作过程)相邻定额项目之间的水平间距。步距大,则定额项目减少,但精确度降低;步距小,精确度高,但计算和管理复杂,编制定额的工作量大,定额项目增多使用不便。因此,步距大小要适当。一般情况下,对主要工种、主要的和常用的项目,步距应小些;对次要工种,不常用的项目,步距可适当大些,可尽量综合,减少零散项目,便于定额管理。

③文字通俗易懂,计算方法简便。定额的文字说明、注释等应清楚、简练、通俗易懂。名词术语应是全国通用的。计算方法力求简化,易掌握、运用。计量单位的选择应符合通用的原则,应能正确反映人工、材料和机械的消耗量。定额项目的工程量单位要尽可能同产品的计量单位一致,便于组织施工、划分已完成工程、计算工程量以及工人掌握运用。

④册、章、节的编排要方便使用。定额册、章、节的编排应尽可能同施工过程一致,方便基层使用。一般以专业工种划分定额册,按工程形象部位或设备、工作过程或工序划分章、节较好,这样层次分明、通俗易懂。

3) 独立自主原则。施工企业作为具有独立法人地位的经济实体,应根据企业的具体情况,结合政府的价格政策和产业导向,以盈利为目标,自主地编制定额;包括自主地确定定额水平、自主地根据需要增加新的定额项目等。《计价规范》除统一了项目编码、项目名称、计量单位、工程量计算规则等外,留给企业自主报价相当大的空间和选择权力。

4) 动态管理原则。企业定额应本着企业的实际情况,确定人工、材料、机械等各项消耗数量,同时要随着技术水平、装备水平的提高,新工艺、新材料的应用,对企业定额适时调整、补充,实行动态管理。

3. 企业定额的编制方法

为了符合工程量清单计价模式的要求,企业定额除应包括工程实体项目的人工、材料、机械消耗数量外,还要考虑措施费、管理费、利润等各部分标准。

人工、材料、机械消耗数量的计算方法和前面所述基本是相同的。各地区都有为配合《计价规范》而使用的社会平均水平的消耗量定额,施工企业可以将其作为参考依据,结合企业实际情况确定人工、材料、机械消耗量。对于措施费、企业管理费等费用标准,施工企业应根据自己的管理水平、财务状况以及建筑市场的竞争状况等多方面因素来综合考虑。

复习思考题

1. 采用工程量清单计价,工程造价的费用组成有哪些?
2. 什么是招标工程量清单?它的作用是什么?由哪几部分组成?
3. 什么是综合单价?
4. 制定计量规范的目的是什么?计量规范的适用范围有哪些?
5. 什么是企业定额?企业定额有哪些作用?

项目六　工程量清单编制

第一节　工程量清单概述

1. 概念

工程量清单是表现拟建工程的分部分项工程项目、措施项目、其他项目、规费项目和税金项目名称及其相应工程数量等的明细清单,是招标人按照《计价规范》附录中统一的项目编码、项目名称、项目特征、计量单位和工程量计算规则进行编制。包括分部分项工程量清单、措施项目清单、其他项目清单、规费项目清单和税金项目清单。

工程量清单编制

2. 作用

招标工程量清单是工程量清单计价的基础,应作为编制招标控制价、投标报价、计算工程量、支付工程款、调整合同价款、办理竣工结算以及工程索赔等的依据之一。

3. 编制依据

(1)国家标准《计价规范》和《工程量计算规范》。

(2)国家或省级、行业建设主管部门颁发的计价依据和办法。

(3)建设工程设计文件。

(4)与建设工程有关的标准、规范、技术资料。

(5)拟定的招标文件及其补充通知、答疑纪要。

(6)施工现场情况、工程特点及常规施工方案。

(7)其他相关资料。

4.《计价规范》一般规定

(1)招标工程量清单应由具有编制能力的招标人或受其委托,具有相应资质的工程造价咨询人或招标代理人编制。

(2)招标工程量清单必须作为招标文件的组成部分,其准确性和完整性由招标人负责。

(3)招标工程量清单是工程量清单计价的基础,应作为编制招标控制价、投标报价、计算或调整工程量、施工索赔等的依据之一。

(4)招标工程量清单应以单位(项)工程为单位编制,由分部分项工程项目清单、措施项目清单、其他项目清单、规费和税金项目清单组成。

(5)分部分项工程和单价措施项目应采用综合单价计价。

5. 工程量清单相关表格

(1)招标工程量清单封面封—1。

_____工程

招标工程量清单

招 标 人：_____
（单位盖章）

造价咨询人：_____
（单位盖章）

年 月 日

(2)招标工程量清单扉页扉－1。

_____工程

招 标 工 程 量 清 单

招标人：_____　　　　造价咨询人：_____
　　　　　（单位盖章）　　　　　　　　　　　　（单位资质专用章）

法定代表人　　　　　　　　　　　　法定代表人
或其授权人：_____　　或其授权人：_____
　　　　　（签字或盖章）　　　　　　　　　　　（签字或盖章）

编制人：_____　　　　复核人：_____
　（造价人员签字盖专用章）　　　　（造价工程师签字盖专用章）

编制时间：　年　月　日　　　　　　复核时间：　年　月　日

(3)总说明,见表6-1。

表6-1 总说明

工程名称:　　　　　　　　　　　　　　　　　　　　　　　　　第　页 共　页

总说明应按下列内容填写:

1)工程概况:建设规模、工程特征、计划工期、合同工期、实际工期、施工现场及变化情况、施工组织设计的特点、自然地理条件、环境保护要求等。

2)清单计价范围、编制依据,如采用的材料来源及综合单价中风险因素、风险范围(或幅度)等。

(4)分部分项工程和单价措施项目清单与计价表,见表6-2。

表6-2 分部分项工程和单价措施项目清单与计价表

工程名称:　　　　　　　　　标段:　　　　　　　　　　　　　第　页 共　页

序号	项目编码	项目名称	项目特征描述	计量单位	工程量	金额/元		其中
						综合单价	合价	暂估价
			本页小计					
			合　计					

注:为计取规费等的使用,可在表中增设其中:"定额人工费"。

(5)总价措施项目清单与计价表,见表6-3。

表 6-3　总价措施项目清单与计价表

工程名称:　　　　　　　　　　　　标段:　　　　　　　　　　　　　　第　页　共　页

序号	项目编码	项目名称	计算基础	费率/%	金额/元	调整费率/%	调整后金额/元	备注
		安全文明施工费						
		夜间施工增加费						
		二次搬运费						
		冬雨季施工增加费						
		已完工程及设备保护费						
		合　计						

编制人(造价人员):　　　　　　　　　　　　　　复核人(造价工程师):

注:1."计算基础"中安全文明施工费可为"定额基价""定额人工费"或"定额人工费+定额机械费",其他项目可为"定额人工费"或"定额人工费+定额机械费"。
　　2.按施工方案计算的措施费,若无"计算基础"和"费率"的数值,也可只填"金额"数值,但应在备注栏说明施工方案出版或计算方法。

(6)其他项目清单与计价汇总表,见表6-4。

表6-4 其他项目清单与计价汇总表

工程名称:　　　　　　　　　　　　标段:　　　　　　　　　　　　　　　　第　页　共　页

序号	项目名称	金额/元	结算金额/元	备注
1	暂列金额			明细详见表6-5
2	暂估价			
2.1	材料(工程设备)暂估价/结算价		—	明细详见6-6
2.2	专业工程暂估价/结算价			明细详见6-7
3	计日工			明细详见表6-8
4	总承包服务费			明细详见表6-9
5	索赔与现场签证		—	明细详见6-10
	合　计			—

注:材料(工程设备)暂估单价进入清单项目综合单价,此处不汇总。

(7)暂列金额明细表,见表6-5。

表6-5 暂列金额明细表

工程名称:　　　　　　　　　　　　标段:　　　　　　　　　　　　　　　　第　页　共　页

序号	项目名称	计量单位	暂定金额/元	备注
1				
2				
3				
	合　计			—

注:此表由招标人填写,如不能详列,也可只列暂列金额总额,投标人应将上述暂列金额计入投标总价中。

(8)材料(工程设备)暂估单价及调整表,见表6-6。

表6-6 材料(工程设备)暂估单价及调整表

工程名称: 　　　　　　　　　　标段: 　　　　　　　　　　第 页 共 页

序号	材料(工程设备)名称、规格、型号	计量单位	数量		暂估/元		确认/元		差额±/元		备注
			暂估	确认	单价	合价	单价	合价	单价	合价	
		合 计									

注:此表由招标人填写"暂估单价",并在备注栏说明暂估单价的材料、工程设备拟用在哪些清单项目上,投标人应将上述材料、工程设备暂估单价计入工程量清单综合单价报价中。

(9)专业工程暂估价及结算价表,见表6-7。

表6-7 专业工程暂估价及结算价表

工程名称: 　　　　　　　　　　标段: 　　　　　　　　　　第 页 共 页

序号	工程名称	工程内容	暂估金额/元	结算金额/元	差额±/元	备注
1						
2						
	合 计					

注:此表"暂估金额"由招标人填写,投标人应将"暂估金额"计入投标总价中。结算时按合同约定结算金额填写。

(10)计日工表,见表6-8。

表6-8 计日工表

工程名称:　　　　　　　　　　　　　标段:　　　　　　　　　　　　第　页 共　页

编号	项目名称	单位	暂定数量	实际数量	综合单价/元	合价/元	
						暂定	实际
一	人工						
1							
2							
3							
4							
	人工小计						
二	材料						
1							
2							
3							
4							
5							
	材料小计						
三	施工机械						
1							
2							
3							
4							
	施工机械小计						
四、企业管理费和利润							
总　计							

注:此表"项目名称""暂定数量"由招标人填写,编制招标控制价时,单价由招标人按有关计价规定确定;投标时,单价由投标人自主报价,按暂定数量计算合价计入投标总价中;结算时,按发承包双方确定的实际数量计算合价。

(11)总承包服务费计价表,见表6-9。

表 6-9　总承包服务费计价表

工程名称:　　　　　　　　　　　　　标段:　　　　　　　　　　　　　　　第　页　共　页

序号	项目名称	项目价值/元	服务内容	计算基础	费率/%	金额/元
1	发包人发包专业工程					
2	发包人提供材料					
	合　计		—		—	

注:此表"项目名称""服务内容"由招标人填写,编制招标控制价时,费率及金额由招标人按有关计价规定确定;投标时,费率及金额由投标人自主报价,计入投标总价中。

(12)索赔与现场签证计价汇总表,见表6-10。

表 6-10 索赔与现场签证计价汇总表

工程名称: 标段: 第 页 共 页

序号	签证及索赔项目名称	计量单位	数量	单价/元	合价/元	索赔及签证依据
	本页小计	—	—	—		—
—	合计	—	—	—		—

注:"签证及索赔依据"是指经双方认可的签证单和索赔依据的编号。

(13)规费、税金项目计价表,见表6-11。

表6-11 规费、税金项目计价表

工程名称:　　　　　　　　　　　　　标段:　　　　　　　　　　　　　第 页共 页

序号	项目名称	计算基础	计算基数	计算费率/%	金额/元
1	规费	定额人工费			
1.1	社会保险费	定额人工费			
(1)	养老保险费	定额人工费			
(2)	失业保险费	定额人工费			
(3)	医疗保险费	定额人工费			
(4)	工伤保险费	定额人工费			
(5)	生育保险费	定额人工费			
1.2	住房公积金	定额人工费			
1.3	工程排污费	按工程所在地环境保护部门收取标准,按实计入			
2	税金	分部分项工程费+措施项目费+其他项目费+规费-按规定不计税的工程设备金额			
	合 计				

编制人(造价人员):　　　　　　　　　　　　　　　　复核人(造价工程师):

第二节　工程量清单编制

一、分部分项工程量清单的编制

分部分项工程项目清单必须根据国家计量规范规定的项目编码、项目名称、项目特征、计量单位和工程量计算规则进行编制。分部分项工程项目清单必须载明项目编码、项目名称、项目特征、计量单位和工程量。招标人必须按规范规定执行,不得因情况不同而变动。

在设置清单项目时，以规范附录中项目名称为主体，考虑项目的规格、型号、材质等特征要求，结合拟建工程的实际情况，在工程量清单中详细地描述出影响工程计价的有关因素。

1. 分部分项工程量清单项目编码

计量规范对每一个分部分项工程清单项目均给定了一个项目编码。统一编码有助于统一和规范市场，方便用户查询和输入。同时，也为网络的接口和资源共享奠定了基础。

项目编码应采用十二位阿拉伯数字表示。一至九位为全国统一编码。其中，一、二位为专业工程代码（01为房屋建筑与装饰工程），三、四位为附录分类顺序码，五、六位为分部工程顺序码，七、八、九位为分项工程项目名称顺序码，十到十二位为清单项目名称顺序码。前九位必须根据计量规范附录给定的编码编制，不得改动。十至十二位由清单编制人根据拟建工程的工程量清单项目名称和项目特征设置，同一单位工程的项目编码不得有重码。

例如，在同一个工程中，强度等级为C20、C25的两种现浇混凝土矩形柱，根据计量规范规定，现浇混凝土矩形柱的项目编码为010502001，如编制人将C20混凝土矩形柱的项目编码编为010502001001，则C25现浇混凝土矩形柱的项目编码应编为010502001002。

随着科学技术的发展，新材料、新技术、新的施工工艺将伴随出现，此计量规范规定，编制工程量清单时，凡附录中的缺项编制人可作补充。补充项目应填写在工程量清单相应分部工程项目之后。补充项目的编码由01与B三位数字组成，并从01B001起顺序编制，同一招标工程的项目不得重码。工程量清单中需附有补充项目的名称、项目特征、计量单位、工程量计算规则、工程内容。

2. 分部分项工程量清单项目名称

分部分项工程量清单的项目名称应按计量规范附录给定的项目名称确定。编制工程量清单时，以附录中的项目名称为主体，考虑该项目的规格、型号、材质等特征要求，结合拟建工程的实际情况，使其工程量清单项目名称具体化、细化，能够反映影响工程造价的主要因素。

3. 分部分项工程量清单项目特征的描述

分部分项工程量清单编制时，项目特征应按计量规范附录中规定的项目特征结合拟建工程项目的实际予以描述，以满足确定综合单价的需要。

工程量清单的项目特征是确定一个清单项目综合单价不可缺少的重要依据，在编制的工程量清单中必须对其项目特征进行准确和全面的描述。

(1)项目特征是划分清单项目的依据。工程量清单项目特征既是用来表述分部分项清单项目的实质内容，也是用于区分计价规范附录中同一清单条目下各个具体的清单项目。没有对项目特征的准确描述，对于相同或相似的清单项目名称，就无从划分。

(2)项目特征是确定综合单价的前提。由于工程量清单项目特征决定了工程实体的实质内容，必然决定了工程实体的自身价值。因此，工程量清单项目特征描述准确与否，直接影响到工程量清单项目综合单价的成果确定。

(3)项目特征是履行合同义务的基础。实行工程量清单计价制度，工程量清单及其综合单价是施工合同的组成部分，因此，如果工程量清单项目特征的描述不清，甚至漏项、错误，必然引起在施工过程中的更改，导致合同造价纠纷。

4. 分部分项工程量清单计量单位的确定

计量单位严格按照计量规范附录的规定计取，若有两个或两个以上计量单位的，应结合拟建工程的实际情况,选择其中一个作为计量单位。如"C.1打桩"的"预制钢筋混凝土方桩"计量单位有"m"和"根"两个计量单位,但是没有具体的选用规定,在编制该项清单时,清单编制人可以根据具体情况选择"m""根"其中之一作为计量单位。但在项目特征描述时,当以"根"为计量单位时,单桩长度应描述为确定值,只描述单桩长度即可;当以"m"为计量单位时,单桩长度可以按范围值描述,并注明根数。

5. 分部分项工程量清单中工程量的计算

分部分项工程量清单中所列工程量应按计量规范附录中规定的工程量计算规则计算。其中,工程量的有效位数应遵守下列规定:

(1)以"t"为单位,应保留小数点后三位数字,第四位小数四舍五入;

(2)以"m、m^2、m^3、kg"为单位,应保留小数点后两位数字,第三位小数四舍五入;

(3)以"个、件、根、组、系统"为单位,应取整数。

6. 分部分项工程量清单的编制实例

例 6-1 某工程混凝土独立基础共有 16 处,剖面图如图 6-1 所示,基础混凝土垫层宽度为 1.3 m×1.3 m,挖土深度为 1.3 m。现场土壤类别为二类土,现场无地面积水,采用人工挖土方,不考虑运输,无须支挡土板,考虑基底钎探。根据清单的编制要求编制"挖基坑土方"的分部分项工程量清单。

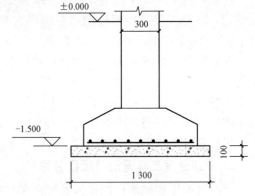

图 6-1 某工程混凝土独立基础剖面图

解:(1)编制"挖基坑土方"项目的分部分项工程量清单。

根据"表 5-1 土方工程"所包括的内容(见项目五),结合实际,确定以下几项内容:

(1)项目编码:010101004001。

(2)项目名称:挖基坑土方。

(3)项目特征:①土壤类别:二类土;②挖土深度:1.3 m;③弃土运距:不考虑。

(4)计量单位:m^3。

(5)工程数量:1.3×1.3×1.3×16=35.15(m^3)。

将上述结果及相关内容填入"分部分项工程量清单与计价表"中,见表 6-12。

表 6-12 分部分项工程量清单与计价表

工程名称:　　　　　　　　某工程标段:　　　　　　　　第1页 共1页

序号	项目编码	项目名称	项目特征	计量单位	工程量	金额/元		
						综合单价	合价	其中
								暂估价
1	0101010004001	挖基坑土方	1. 土壤类别:二类土 2. 挖土深度:1.3 m 3. 弃土运距:不考虑	m^3	35.15			

例 6-2 某工程现浇混凝土独立基础，如图 6-2 所示，截面尺寸为 250 mm×250 mm，共 40 根，混凝土强度等级为 C30，根据清单的编制要求编制"现浇混凝土独立基础"的分部分项工程量清单。

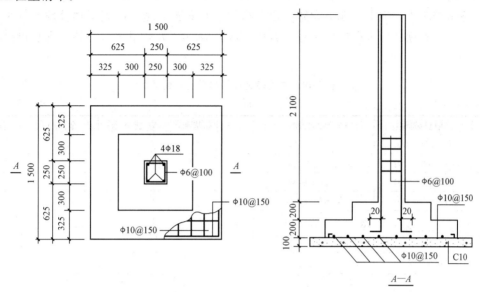

图 6-2 某工程现浇混凝土独立基础

解：根据"表 5-12 现浇混凝土基础"所包括的内容（见项目五），结合实际，确定以下几项内容：

(1) 项目编码：010501003001
(2) 项目名称：混凝土独立基础
(3) 项目特征：①混凝土类别：现浇混凝土；②混凝土强度等级：C30
(4) 计量单位：m^3。
(5) 工程数量：$(1.5×1.5×0.2+0.85×0.85×0.2)×40=23.78(m^3)$

将上述结果及相关内容填入"分部分项工程量清单与计价表"中，见表 6-13。

表 6-13 分部分项工程量清单与计价表

工程名称：　　　　　　　　　　某工程标段：　　　　　　　　　　第 1 页　共 1 页

序号	项目编码	项目名称	项目特征	计量单位	工程量	金额/元		
						综合单价	合价	其中
								暂估价
1	010501003001	独立基础	1.混凝土类别：现浇混凝土 2.混凝土强度等级：C30	m^3	23.78			

二、措施项目清单编制

措施项目是指为完成工程项目施工，发生于该工程施工前和施工过程中技术、生活、安全等方面的非工程实体项目。规范将措施项目分成总价措施项目和单价措施项目。

(1)总价措施项目清单应根据拟建工程的实际情况列项。总价措施项目包括：安全文明施工（含环境保护、文明施工、安全施工、临时设施）；夜间施工；非夜间施工照明；二次搬运；冬雨季施工；地上、地下设施、建筑物的临时保护设施；已完工程及设备保护七项内容。总价措施项目应根据拟建工程的具体情况，以"项"为计量单位。某工程总价措施项目清单编制见表6-14。

表6-14 总价措施项目清单与计价表

工程名称： 标段： 第 页 共 页

序号	项目编码	项目名称	计算基础	费率/%	金额/元	备注
1	011707002001	夜间施工费				
2	011707003001	非夜间施工照明费				
3	011707004001	二次搬运费				
4	011707005001	冬雨季施工费				
5	011707006001	地上、地下设施、建筑物的临时保护设施费				
6	011707007001	已完工程及设备保护费				
		合计				

(2)单价措施项目可按计量规范附录中规定的项目选择列项(参见项目五表5-57～表5-62)，如建筑工程包括混凝土、钢筋混凝土模板及支架、脚手架及垂直运输机械等等，单价措施项目宜采用分部分项工程量清单的方式编制，列出项目编码、项目名称、项目特征、计量单位和工程量，见表6-15。

表6-15 单价措施项目清单与计价表

工程名称：某工程 标段： 第 页 共 页

序号	项目编码	项目名称	项目特征	计量单位	工程量	金额/元		
						综合单价	合价	其中 暂估价
1	011702002001	现浇混凝土矩形柱钢模板及支架，柱断面周长1.8 m以外	1. 截面形状：矩形柱 2. 截面尺寸：450×600 3. 支模高度：5.52 m	m^2	31.9			

三、其他项目清单编制

(1)其他项目清单按照下列内容列项：

1)暂列金额；

2)暂估价：包括材料暂估价、工程设备暂估单价、专业工程暂估价；

3)计日工;

4)总承包服务费。

(2)暂列金额在《计价规范》中的明确定义是"招标人在工程量清单中暂定并包括在合同价款中的一笔款项。"是由招标人根据工程项目的规模、范围、环境条件、资金状况等因素在清单编制时予以明确。为保证工程施工建设的顺利实施,应对施工过程中可能出现的各种不确定因素对工程造价的影响,在招标控制价中需估算一笔暂列金额。本规则规定暂列金额可根据工程的规模、范围、复杂程度、工程环境条件(包括地质、水文、气候条件等)进行估算,一般可按分部分项工程费的10%~15%作为参考。某工程其他项目清单中暂列金额编制表格见表6-16。

表6-16 暂列金额明细表

序号	项目名称	单位	价格/元
1.1	工程量偏差及设计变更	项	90 000
1.2	政策性调整及材料价格风险	项	60 000
1.3	其他	项	60 000
总计			210 000

(3)暂估价是指招标阶段直至签订合同协议时,招标人在招标文件中提供的用于支付必然发生但暂时不能确定价格的材料以及需另行发包的专业工程金额。

材料暂估价清单中,应包括由招标人提出的需要定为暂估价的和拟自行供应的材料明细及单价。材料暂估单价与编制期工程所在地工程造价管理机构发布的材料信息价相比,其差值幅度一般不得超过±5%。当地工程造价管理机构未发布信息价的材料单价,可由招标人根据市场状况合理估列。某工程材料暂估单价见表6-17。

表6-17 材料暂估单价表

名称	规格型号	单位	暂估单价/元
所有商品混凝土		m^3	400
所有砌块		m^3	330
所有钢筋		t	3 300

专业工程暂估价应由招标人列入总承包服务费清单与计价表中。专业工程暂估价应分不同的专业,由招标人按有关计价规定进行估算。某工程专业工程暂估价见表6-18。

表6-18 专业工程暂估价表

序号	工程名称	工程内容	金额/元	备注
1	铝合金窗	安装	70 000	
2				
	合计		70 000	

(4)计日工清单中,招标人应估列出完成合同约定以外零星工作所消耗的人工、材料和机械台班的种类、名称、规格及其数量。某工程计日工清单见表6-19。

表 6-19　计日工表

编号	项目名称	单位	暂定数量	综合单价	合价
	人工				
1	普工	工日	85		
2	技工	工日	110		
3					
	人工小计				
	材料				
1	钢筋(规格、型号综合)	t	1		
2	水泥	t	18		
3	砂	m³	20		
4					
	材料小计				
	施工机械				
1	自升式塔式起重机	台班	4		
2					
	施工机械小计				
	合计				

(5)总承包服务费清单中,招标人应以"项"列出拟由投标人对招标人另行发包的专业工程和其他事项履行总承包服务的工程名称、内容范围、暂估价及计价要求。某工程总承包服务费清单见表 6-20。

表 6-20　总承包服务费计价表

序号	工程名称	项目价值/元	服务内容	费率/%	金额/元
1	发包人供应材料	800 000	对发包人供应的材料进行验收及保管和使用发放		
			合　计		

四、规费、税金项目清单编制

规费、税金项目清单应按照下列内容列项:

(1)安全文明施工费:包括:安全施工费、文明施工费、环境保护费、临时设施费;

(2)社会保险费:包括养老保险费、失业保险费、医疗保险费、工伤保险费、生育保险费;

(3)住房公积金;

(4)工程排污费;

(5)建设项目工伤保险费;

(6)税金。

实际工程出现上条未列项目,应根据省级政府或省级有关权力部门以及税务部门的规定列项。

复习思考题

1. 招标工程量清单由哪几部分组成?应该由谁编制及负责?
2. 分部分项工程量清单由哪几部分组成?
3. 为什么编制工程量清单时需要准确描述项目特征?
4. 编制措施项目清单时,总价措施项目以什么为单位编制?单价措施项目怎么编制?
5. 其他项目清单按哪些内容列项?

项目七　招标控制价与投标报价编制

第一节　招标控制价编制

一、招标控制价的概念

招标控制价是在工程招标发包过程中,由招标人根据有关计价规定计算的工程造价,其作用是招标人用于对招标工程发包的最高限价。为体现招标的公平、公正原则,防止招标人有意抬高或压低工程造价,招标人应在招标文件中如实公布招标控制价,不得对所编制的招标控制价进行上浮或下调。

招标控制价编制

计价规范规定招标控制价超过批准的概算时,招标人应将其报原概算审批部门审核。招标人应在发布招标文件时公布招标控制价。同时,应将招标控制价及有关资料报送工程所在地(或有该工程管辖权的行业管理部门)工程造价管理机构备查。国有资金投资的建设工程招标,招标人必须编制招标控制价。招标控制价应由具有编制能力的招标人或受其委托具有相应资质的工程造价咨询人编制和复核。

二、招标控制价的编制依据

(1)《计价规范》;
(2)国家或省级、行业建设主管部门颁发的计价定额和计价办法;
(3)建设工程设计文件及相关资料;
(4)拟定的招标文件及招标工程量清单;
(5)与建设项目相关的标准、规范、技术资料;
(6)施工现场情况、工程特点及常规施工方案;
(7)工程造价管理机构发布的工程造价信息;工程造价信息没有发布的,参照市场价;
(8)其他的相关资料。

三、招标控制价的编制

1. 分部分项工程清单计价方法

编制分部分项工程量清单计价时,工程量的确定,依据招标工程量清单中分部分项工程量清单中的工程量；综合单价的确定，按照编制依据中的规定确定综合单价。编制依据如下：
(1)计量规范规定的综合单价的组成内容；
(2)拟建工程的施工图纸、施工方案或施工组织设计文件；
(3)建设行政主管部门颁发的社会平均消耗量定额、预算定额、费用规则；
(4)人工、材料、机械等的市场价格信息。

分部分项工程费等于分部分项工程各清单工程量与相应综合单价乘积之和。

2. 措施项目清单计价方法

措施项目清单计价应根据拟建工程的施工组设计，计算工程量的措施项目，即单价措施项目应按分部分项工程量清单的方式采用综合单价计价；其余的措施项目即总价措施项目，以"项"为单位的方式计价。对于安全文明施工费，应按照国家或省级、行业建设主管部门的规定计价，不作为竞争性费用。

3. 其他项目清单计价方法

其他项目清单计价，应根据工程特点和工程量清单计价类型中各种计价的规定方法计价。
(1)暂列金额应按招标工程量清单中列出的金额填写。
(2)暂估价中的材料、工程设备单价应按招标工程量清单中列出的单价计入综合单价。
(3)暂估价中的专业工程金额应按招标工程量清单中列出的金额填写。
(4)计日工应按招标工程量清单中列出的项目根据工程特点和有关计价依据确定综合单价计算。
(5)总承包服务费应根据招标工程量清单列出的内容和要求估算。

4. 规费和税金的计算方法

规费和税金应按国家或省级、行业建设主管部门的规定计算，不得作为竞争性费用。

四、招标控制价的编制表格

(1)招标控制价封面扉－2。

_____工程

招 标 控 制 价

招标控制价(小写)：_____
　　　　　(大写)：_____

招　标　人：_____　　造价咨询人：_____
　　　　　　　(单位盖章)　　　　　　　　　　　　　　(单位资质专用章)

法定代表人　　　　　　　　　　　　　　　法定代表人
或其授权人：_____　　或其授权人：_____
　　　　　　　(签字或盖章)　　　　　　　　　　　　　(签字或盖章)

编　制　人：_____　　复　核　人：_____
　　　　(造价人员签字盖专用章)　　　　　　　　(造价工程师签字盖专用章)

编制时间：　　年　　月　　日　　　　　复核时间：　　年　　月　　日

(2)总说明,见表 6-1。
(3)建设项目招标控制价/投标报价汇总表,见表 7-1。

表 7-1　建设项目招标控制价/投标报价汇总表

工程名称:　　　　　　　　　　　　　　　　　　　　　　　　　　　　　　第　页　共　页

序号	单项工程名称	金额/元	其中:/元		
			暂估价	安全文明施工费	规费
1					
	合计				

注:本表适用于建设项目招标控制价或投标报价的汇总。

(4)单项工程招标控制价/投标报价汇总表,见表7-2。

表 7-2　单项工程投招标控制价/投标报价汇总表

工程名称:　　　　　　　　　　　　　　　　　　　　　　　　　　第　页　共　页

序号	单项工程名称	金额/元	其中:/元		
			暂估价	安全文明施工费	规费
		合计			
注:本表适用于单项工程招标控制价或投标报价的汇总。暂估价包括分部分项工程中的暂估价和专业工程工程暂估价。					

(5) 单位工程招标控制价/投标报价汇总表，见表7-3。

表7-3 单位工程招标控制价/投标报价汇总表

工程名称： 标段： 第 页 共 页

序号	汇总内容	金额/元	其中：暂估价/元
1	分部分项工程		
1.1			
1.2			
1.3			
1.4			
1.5			
2	措施项目		
2.1	其中：安全文明施工费		
3	其他项目		
3.1	其中：暂列金额		
3.2	其中：专业工程暂估价		
3.3	其中：计日工		
3.4	其中：总承包服务费		
4	规费		
5	税金		
招标控制价合计＝1＋2＋3＋4＋5			

注：本表适用于单位工程招标控制价或投标报价的汇总，如无单位工程划分，单项工程也使用本表汇总。

(6) 分部分项工程和单价措施项目清单与计价表，见表6-2。

(7)综合单价分析表,见表7-4。

表7-4 综合单价表

工程名称:　　　　　　　　　　标段:　　　　　　　　　　第　页 共　页

项目编码			项目名称			计量单位			工程量		
清单综合单价组成明细											
定额编号	定额项目名称	定额单位	数量	单价				合价			
				人工费	材料费	机械费	管理费和利润	人工费	材料费	机械费	管理费和利润
人工单价			小计								
元/工日			未计价材料费								
清单项目综合单价											
材料费明细	主要材料名称、规格、型号					单位	数量	单价/元	合价/元	暂估单价/元	暂估合价/元	
	其他材料费								—		—	
	材料费小计								—		—	

注:1. 如不使用省级或行业建设主管部门发布的计价依据,可不填定额编号、名称等。
　　2. 招标文件提供了暂估单价的材料,按暂估的单价填入表内"暂估单价"栏及"暂估合价"栏。

(8)总价措施项目清单与计价表,见表6-3。
(9)其他项目清单与计价汇总表,见表6-4。
(10)暂列金额明细表,见表6-5。
(11)材料(工程设备)暂估单价表,见表6-6。
(12)专业工程暂估价及结算价表,见表6-7。
(13)计日工表,见表6-8。
(14)总承包服务费计价表,见表6-9。
(15)索赔与现场签证计价汇总表,见表6-10。
(16)规费、税金项目计价表,见表6-11。

第二节　投标报价编制

一、投标报价的概念

投标报价是在工程招标发包过程中,由投标人按照招标文件的要求,根据工程特点,并结合自身的施工技术、装备和管理水平,根据有关计价规定自主确定的工程造价。规范规定：

(1)投标价应由投标人或受其委托具有相应资质的工程造价咨询人编制。

(2)除《计价规范》强制性规定外，投标人应依据上述规范第6.2.1条的规定自主确定投标报价。

(3)投标报价不得低于工程成本。

(4)投标人必须按招标工程量清单填报价格。项目编码、项目名称、项目特征、计量单位、工程量必须与招标工程量清单一致。

(5)投标人的投标报价高于招标控制价的应予废标。

二、投标报价的编制依据

(1)《计价规范》；

(2)国家或省级、行业建设主管部门颁发的计价办法；

(3)企业定额，国家或省级、行业建设主管部门颁发的计价定额和计价办法；

(4)招标文件、招标工程量清单及其补充通知、答疑纪要；

(5)建设工程设计文件及相关资料；

(6)施工现场情况、工程特点及投标时拟定的施工组织设计或施工方案；

(7)与建设项目相关的标准、规范等技术资料；

(8)市场价格信息或工程造价管理机构发布的工程造价信息；

(9)其他的相关资料。

三、投标报价的编制

编制投标报价时，与招标控制价的编制方法一样，但是投标报价应注意对不同的工程采取不一样的报价策略，仔细研究招标文件中招标文件的要求及工程量清单，对不同合同类型的工程采取相对应形式的报价。

(1)分部分项工程清单计价方法。分部分项工程费最主要的是确定综合单价，包括以下内容：

1)确定依据。确定分部分项工程量清单项目综合单价的最重要依据之一是该清单项目的特征描述，投标人投标报价时应依据招标文件中分部分项工程量清单项目的项目特征描述确定清单项目的综合单价。在招投标过程中，当出现招标文件中分部分项工程量清单特征描述与设计图纸不符时，投标人应以分部分项清单项目特征描述为准，确定投标报价的综合单价。当施工中施工图纸或设计变更与工程量清单项目特征描述不一致时，发承包双方应按实际施工的项目特征，依据合同约定重新确定综合单价。

2)材料暂估价。招标文件中提供了暂估单价的材料，按暂估的单价计入综合单价。

3)风险费用。招标文件中要求投标人承担的风险费用，投标人应考虑计入综合单价。在施工过程中，当出现的风险内容及其范围在招标文件规定的范围内时，综合单价不得变动，工程价款不作调整。

(2)措施项目清单计价方法。

1)措施项目中的单价项目，应依据招标文件及其招标工程量清单项目中的特征描述确定综合单价计算。方法同分部分项工程量清单中综合单价的确定。

2)措施项目中的总价项目金额应根据招标文件中的措施项目清单及投标时拟定的施工组织设计或施工方案自主确定。

(3)其他项目清单计价方法。其他项目应按下列规定报价：

1)暂列金额应按招标工程量清单中列出的金额填写。

2)材料、工程设备暂估价应按招标工程量清单中列出的单价计入综合单价。

3)专业工程暂估价应按招标工程量清单中列出的金额填写。

4)计日工应按招标工程量清单中列出的项目和数量，自主确定综合单价并计算计日工金额。

5)总承包服务费应根据招标工程量清单中列出的内容和提出的要求自主确定。

(4)规费税金清单计价方法。规费和税金必须按国家或省级、行业建设主管部门的规定计算，不得作为竞争性费用。

四、投标报价的编制表格

(1)封面。投标总价扉页(扉－3)。

投 标 总 价

招 标 人：＿＿＿＿＿＿＿＿＿＿＿＿＿＿＿＿

工 程 名 称：＿＿＿＿＿＿＿＿＿＿＿＿＿＿＿＿

投标总价(小写)：＿＿＿＿＿＿＿＿＿＿＿＿＿＿＿＿

（大写）：＿＿＿＿＿＿＿＿＿＿＿＿＿＿＿＿

投 标 人：＿＿＿＿＿＿＿＿＿＿＿＿

（单位盖章）

法定代表人
或其授权人：＿＿＿＿＿＿＿＿＿＿＿＿＿＿

（签字或盖章）

编 制 人：＿＿＿＿＿＿＿＿＿＿＿＿＿＿＿＿

（造价人员签字盖专用章）

编制时间： 年 月 日

(2)总说明,见表6-1。

1)工程概况:建设规模、工程特征、计划工期、合同工期、实际工期、施工现场及变化情况、施工组织设计的特点、自然地理条件、环境保护要求等。

2)投标报价范围。

(3)建设项目招标控制价/投标报价汇总表,见表7-1。

(4)单项工程招标控制价/投标报价汇总表,见表7-2。

(5)单位工程/投标报价投标报价汇总表,见表7-3。

(6)分部分项工程量和单价措施项目清单与计价表,见表6-2。

(7)综合单价分析表,见表7-4。

(8)总价措施项目清单与计价表,见表6-3。

(9)其他项目清单与计价表,见表6-4。

(10)暂列金额明细表,见表6-5。

(11)材料(工程设备)暂估单价表,见表6-6。

(12)专业工程暂估价表,见表6-7。

(13)计日工表,见表6-8。

(14)总承包服务费计价表,见表6-9。

(15)索赔与现场签证计价汇总表,见表6-10。

(16)规费、税金项目清单与计价表,见表6-11。

第三节 综合单价的计算

一、综合单价的概念

综合单价是完成一个规定清单项目所需的人工费、材料费和工程设备费、施工机具使用费和企业管理费、利润以及一定范围内的风险费用。

二、综合单价的计算

综合单价的计算

1. 正算法

分部分项工程量清单计价及单价措施项目计价,其核心都是综合单价的确定。综合单价的计算一般应按下列顺序进行:

(1)确定工程内容。根据工程量清单项目名称和拟建工程实际,或参照"分部分项工程量清单项目设置及其消耗量定额"表中的"工程内容",确定该清单项目主体及其相关工程内容。

(2)选择定额。根据第(1)步确定的工程内容,参照"分部分项工程量清单项目设置及其消耗量定额"表中的定额名称和编号,选择定额,确定人工、材料和机械台班的消耗量。

(3)计算工程数量。根据现行《山东省建筑工程消耗量定额工程量计算规则》的规定,分别计算工程量清单项目所包含的每项工程内容的工程数量。

(4)计算单位含量。分别计算工程量清单项目每计量单位应包含的各项工程内容的工程数量。

计算单位含量＝第(3)步计算的工程数量÷相应清单项目的工程数量

(5)选择单价。人工、材料、机械台班单价选用省信息价或市场价。

(6)计算清单项目每计量单位所含某项工程内容的人工、材料、机械台班价款。

工程内容的人、材、机价款 ＝ $\sum$ [第(2)步确定的人、材、机消耗量×第(5)步选择的人、材、机单价]×第(3)步单位含量

(7)计算工程量清单项目每计量单位省价人工费。

工程量清单项目省价人工费＝第(4)步计算的单位含量×第(2)步确定的人工消耗量×省价人工单价

(8)选定费率。应根据《山东省建设工程费用项目组成及计算规则》,并结合本企业和市场的实际情况,确定管理费费率和利润率。

管理费＝第(7)步计算的省价人工费×管理费费率

利润＝第(7)步计算的省价人工费×利润率

(9)计算综合单价。

综合单价＝第(6)步计算的人、材、机价款之和＋管理费＋利润

(10)合价＝综合单价×相应清单项目工程数量

例 7-1 某工程混凝土独立基础共有 16 处,剖面如图 6-1 所示,基础混凝土垫层尺寸为 1.3 m×1.3 m,挖土深度为 1.3 m。现场土壤类别为二类土,现场无地面积水,地面已平整,并达到设计地面标高。采用人工挖土方,不考虑运输,无须支挡土板,考虑基底钎探。根据例 6-1 的招标工程量清单计算综合单价并编制"挖基坑土方"分部分项工程量清单计价表(投标人根据施工图、《2017 山东省建筑工程消耗量定额》,结合施工技术水平,计算出:挖土方定额工程量为 59.09 m³,钎探定额工程量为 27.04 m²,价格参照《山东省建筑工程价目表》)。

解:(1)确定工程内容。

该项目发生的工程内容为:挖土方、基底钎探。

(2)根据工程内容及清单计价规范"A.1.1 土方工程"选定额,确定人工、材料、机械消耗量。

1)挖土方 1-2-11。

2)基底钎探 1-4-4。

(3)计算工程数量(计量部分讲述计算过程)。

根据现行山东省建筑工程量计算规则的规定,分别计算工程量清单项目所包含的每项工程内容的工程数量。

1)挖土方:(1.5×1.5×0.1＋1.7×1.7×1.2)×16＝59.09(m³)

2)基底钎探:1.3×1.3×16＝27.04(m²)(坑底面积不含工作面)

(4)计算单位含量。

分别计算清单项目每计量单位应包含的各分项工程内容的工程数量。

1)挖土方:59.09/35.15＝1.68(m³/m³)

2)钎探:27.04/35.15＝0.77(m²/m³)

(5)选择单价。人工、材料、机械价格参照选用山东省 2017 年 3 月价目表。

(6)计算清单项目每计量单位所含各项工程内容人工、材料、机械台班价款。

1)挖土方：人工费 $35.435 \times 1.68 = 59.53$(元/m³)

2)基底钎探：人工费 $3.99 \times 0.77 = 3.07$(元/m³)

材料费 $0.67 \times 0.77 = 0.52$(元/m³)

机械费 $1.437 \times 0.77 = 1.11$(元/m³)

(其中35.435为1-2-11每m³的人工费；3.99为1-4-4每m²的人工费，0.67为1-4-4每m²材料费，1.437为1-4-4每m²机械费；参照《山东省建筑工程价目表》)。

(7)计算工程量清单项目每计量单位省价人工费。

$$59.53 + 3.07 = 62.6(元/m³)$$

(8)根据企业情况确定管理费费率为25.6%，利润率为15%。

$$管理费 = 62.6 \times 25.6\% = 16.03(元/m³)$$

$$利润 = 62.6 \times 15\% = 9.39(元/m³)$$

(9)综合单价 $= 59.53 + 3.07 + 0.52 + 1.11 + 16.03 + 9.39 = 89.65$(元/m³)。

(10)将上述计算结果及相关内容填入表7-5中。

表7-5　分部分项工程量清单综合单价分析表

工程名称：某工程　　　　　　　标段：　　　　　　　　第　页　共　页

项目编码	0101004001001		项目名称		挖基础土方		计量单位		m³	
清单综合单价组成明细										
定额编号	定额名称	定额单位	数量	单价			合价			
				人工费	材料费	机械费	人工费	材料费	机械费	管理费和利润
1-2-11	人工挖地坑	m³	1.68	35.435			59.53			
1-4-4	基底钎探	m²	0.77	3.99	0.670	1.437	3.07	0.52	1.11	
人工单价			小计				62.6	0.52	1.11	25.42
95元/工日			未计价材料费							
清单项目综合单价							89.65			
材料	主要材料名称、规格、型号			单位	数量		单价/元	合价/元	暂估单价/元	暂估合价/元
	钢钎 $\phi 22-25$			kg	0.062 9		137.52	8.65		
	中砂			m³	0.001 925		97.09	6.57		
	水			m³	0.000 385		4.27	0.057 8		
	烧结煤矸石普通砖 240×115×53			千块	0.000 231		368.93	2.99		
	其他材料费									
	材料费小计							18.27		

根据计算的综合单价，则该工程的分部分项工程清单计价表见表7-6。

表 7-6 分部分项工程量清单计价表

工程名称：某工程　　　　　　　　　　标段：　　　　　　　　　　第　页　共　页

序号	项目编码	项目名称	项目特征	计量单位	工程数量	金额/元		
						综合单价	合价	暂估价其中
1	0101010004001	挖基坑土方	1. 土壤类别：三类土 2. 挖土深度：1.3 m 3. 弃土运距：不考虑	m³	35.15	89.65	3 151.20	

2. 反算法

分部分项工程量清单计价及单价措施项目计价，其核心都是综合单价的确定。综合单价的计算一般应按下列顺序进行：

(1)确定工程内容。根据工程量清单项目名称和拟建工程实际，或参照"分部分项工程量清单项目设置及其消耗量定额"表中的"工程内容"，确定该清单项目主体及其相关工程内容。

(2)选择定额。根据第(1)步确定的工程内容，参照"分部分项工程量清单项目设置及其消耗量定额"表中的定额名称和编号，选择定额，确定人工、材料和机械台班的消耗量。

(3)计算工程数量。根据现行《山东省建筑工程消耗量定额工程量计算规则》的规定，分别计算工程量清单项目所包含的每项工程内容的工程数量。

(4)选择单价。人工、材料、机械台班单价选用省信息价或市场价。

(5)计算清单项目所含某项工程内容的人工、材料、机械台班价款。

"工程内容"的人、材、机价款 = $\sum$[第(2)步确定的人、材、机消耗量×第(4)步选择的人、材、机单价]×第(3)步工程数量

(6)计算工程量清单项目省价人工费。

工程量清单项目省价人工费 = 第(3)步计算工程数量×第(2)步确定的人工工日消耗量×省价人工单价

(7)选定费率。应根据《山东省建设工程费用项目组成及计算规则》，并结合本企业和市场的实际情况，确定管理费费率和利润率。

管理费 = 第(6)步计算的省价人工费×管理费费率

利润 = 第(6)步计算的省价人工费×利润率

(8)计算合价。

合价 = 第(5)步计算的人、材、机价款之和 + 管理费 + 利润

(9)计算综合单价。

综合单价 = 合价÷相应清单项目工程数量

例 7-2 某工程现浇混凝土独立基础，截面尺寸为 250 mm×250 mm，共 40 根，混凝土强度等级为 C30，根据例 6-2 的招标工程量清单计算综合单价并编制"混凝土独立基础"分部分项工程量清单计价表(投标人根据施工图、《2017 山东省建筑工程消耗量定额》，结合施工技术水平，计算出：混凝土独立基础定额工程量为 23.78 m³，价格参照《山东省建筑工程价目表》)。

解：(1)确定工程内容。

该项目发生的工程内容为：现浇混凝土独立基础。

(2)根据工程内容及清单计价规范"E.1 现浇混凝土独立基础"选定额,确定人工、材料、机械消耗量。

现浇混凝土柱 5-1-6。

(3)计算工程数量(计量部分讲述计算过程)。

根据现行山东省建筑工程量计算规则的规定,分别计算工程量清单项目所包含的每项工程内容的工程数量。

独立基础混凝土工程量:$(1.5×1.5×0.2+0.85×0.85×0.2)×40=23.78(m^3)$

(4)选择单价。人工、材料、机械价格参照选用山东省2017年3月价目表。

(5)计算清单项分项工程内容人工、材料、机械台班价款。

现浇混凝土独立基础:人工费 $59.375×23.78=1\ 411.94$(元)

材料费 $379.251×23.78=9\ 018.59$(元)

机械费 $0.455×23.78=10.82$(元)

(其中 59.375 为 5-1-6 每 m^3 人工费,379.251 为 5-1-6 每 m^3 材料费,0.455 为 5-1-6 每 m^3 机械费,价格取自2017《山东省建筑工程价目表》)。

(6)计算工程量清单计量单位省价人工费。

人工费:1 411.94 元

(7)根据企业情况确定管理费费率为:25.6%,利润率为15%。

管理费 $1\ 411.94×25.6\%=361.46$(元)

利润 $1\ 411.94×15\%=211.79$(元)

(8)合价=$1\ 411.94+9\ 018.59+10.82+361.46+211.79=11\ 014.6$(元)

(9)综合单价=$11\ 014.6÷23.78=463.19$(元/m^3)

将上述计算结果及相关内容填入表7-7。

表7-7 分部分项工程量清单综合单价分析表

工程名称:某工程　　　　　　　标段:　　　　　　　第　页　共　页

项目编码	010501003001	项目名称		混凝土独立基础		计量单位		m^3		
清单综合单价组成明细											
定额编号	定额名称	定额单位	数量	单价			合价			
				人工费	材料费	机械费	人工费	材料费	机械费	管理费和利润
5-1-6	C30独立基础	10 m^3	2.378	593.75	3 792.51	4.55	1 411.94	9 018.59	10.82	
人工单价			小计				1 411.94	9 018.59	10.82	573.25
95元/工日			未计价材料费							
清单项目综合单价								463.19			
材料	主要材料名称、规格、型号			单位	数量	单价/元	合价/元	暂估单价/元	暂估合价/元		
	C30现浇混凝土 碎石<40			m^3	24.02	359.22	8 628.46				
	塑料薄膜			m^2	38.98	1.74	67.83				
	阻燃毛毡			m^2	7.75	40.39	313.02				
	水			m^3	2.337	4.27	9.98				
	其他材料费										
	材料费小计						9 019.29				

根据计算的综合单价,则该工程的分部分项工程清单计价表见表7-8。

表7-8 分部分项工程量清单计价表

工程名称:某工程　　　　　　　　　　标段:　　　　　　　　　　　　第　页　共　页

序号	项目编码	项目名称	项目特征	计量单位	工程数量	金额/元		
						综合单价	合价	暂估价其中
1	010501003001	现浇混凝土独立基础	1.混凝土类别:现浇混凝土 2.混凝土强度等级:C30	m³	23.78	463.19	1 1014.6	

复习思考题

1. 什么是招标控制价?由谁编制?编制依据有哪些?
2. 什么是投标报价?由谁编制?编制依据有哪些?
3. 某工程屋面为卷材防水,膨胀珍珠岩保温,轴线尺寸 36 m×12 m,墙厚为 240 mm,四周女儿墙,防水卷材上卷 300 mm。屋面做法如下:预制钢筋混凝土屋面板;1:10 水泥珍珠岩找坡 1.5%,最薄处 60 mm;100 mm 厚憎水珍珠岩块保温层;20 mm 厚 1:3 水泥砂浆找平;SBS 改性沥青防水卷材两层;20 mm 厚 1:2 水泥砂浆抹光压平,6 m×6 m 分格,油膏嵌缝。

(1)编制屋面卷材防水项目工程量清单。

清单工程量计算:$(36-0.24)×(12-0.24)+(36+12-0.48)×2×0.3=449.05(m^3)$

(2)计算综合单价,编制屋面卷材防水项目工程量清单计价表。

(3)编制保温隔热屋面项目工程量清单。

清单工程量计算 $(36-0.24)×(12-0.24)=420.54(m^2)$

(4)计算综合单价,编制保温隔热屋面项目工程量清单计价表。

项目八　建筑面积计算

第一节　建筑面积概述

一、建筑面积的概念

建筑面积也称建筑展开面积，是指住宅建筑外墙勒脚以上外围水平面测定的各层平面面积，包括使用面积、辅助面积和结构面积三项。其中：建筑面积＝使用面积＋辅助面积＋结构面积。

(1)使用面积是指建筑物各层平面中直接为生产或生活使用的净面积的总和。

(2)辅助面积是指建筑物各层平面为辅助生产或生活活动所占的净面积的总和，如居住建筑中的楼梯、走道、厕所、厨房等。

(3)结构面积是指建筑物各层平面中的墙、柱等结构所占面积的总和。

二、建筑面积的作用

(1)建筑面积是一项重要的技术经济指标。在国民经济一定时期内，完成建筑面积的多少，也标志着一个国家的工农业生产发展状况、人民生活居住条件的改善和文化生活福利设施发展的程度。

(2)建筑面积是计算结构工程量或用于确定某些费用指标的基础。如计算出建筑面积之后，利用这个基数，就可以计算地面抹灰、室内填土、地面垫层、平整场地、脚手架工程等项目的预算价值。为了简化预算的编制和某些费用的计算，有些取费指标的取定，如中小型机械费、生产工具使用费、检验试验费、成品保护增加费等，也是以建筑面积为基数确定的。

(3)建筑面积作为结构工程量的计算基础，不仅重要，而且也是一项需要认真对待和细心计算的工作，任何粗心大意都会造成计算上的错误，不但会造成结构工程量计算上的偏差，也会直接影响概预算造价的准确性，造成人力、物力和国家建设资金的浪费及大量建筑材料的积压。

(4)建筑面积与使用面积、辅助面积、结构面积之间存在着一定的比例关系。设计人员在进行建筑或结构设计时，都应在计算建筑面积的基础上再分别计算出结构面积、有效面积及诸如平面系数、土地利用系数等技术经济指标。有了建筑面积，才有可能计算单位建筑面积的技术经济指标，如容积率等。

(5)建筑面积的计算对于建筑施工企业实行内部经济承包责任制、投标报价、编制施工组织设计、配备施工力量、成本核算及物资供应等，都具有重要的意义。

三、建筑面积的计算

我国现行与建筑面积计算有关的法规，一个是住房和城乡建设部发布的《建筑工程建筑面积计算规范》(GB/T 50353—2013)，用于工业与民用建筑工程建设全过程的建筑面积计算，只适用于工程造价计价，而不适用于商品房建筑面积测量；另一个是国家测绘局发布的《房产测量规范》(GB/T 17986—2000)，适用于商品房建筑面积测量。两规范并不冲突，适用范围不一样，无高低之分。

《建筑工程建筑面积计算规范》

本书所称建筑面积指的是《建筑工程建筑面积计算规范》(GB/T 50353—2013)。

1. 总则

(1)为规范工业与民用建筑工程建设全过程的建筑面积计算，统一计算方法，制定本规范。

(2)本规范适用于新建、扩建、改建的工业与民用建筑工程建设全过程的建筑面积计算。

(3)建筑工程的建筑面积计算，除应符合本规范外，还应符合国家现行有关标准的规定。

2. 术语

(1)建筑面积。建筑物(包括墙体)所形成的楼地面面积。

(2)自然层。按楼地面结构分层的楼层。

(3)结构层高。楼面或地面结构层上表面至上部结构层上表面之间的垂直距离。结构层高与自然层如图8-1所示。

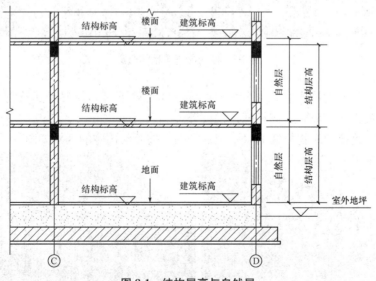

图8-1 结构层高与自然层

(4)围护结构。围合建筑空间的墙体、门、窗。组成围护结构的墙体一般是砌块墙，非混凝土墙。

(5)建筑空间。以建筑界面限定的、供人们生活和活动的场所。

(6)结构净高。楼面或地面结构层上表面至上部结构层下表面之间的垂直距离。

(7)围护设施。为保障安全而设置的栏杆、栏板等围挡。

(8)地下室。室内地平面低于室外地平面的高度超过室内净高的 1/2 的房间。

(9)半地下室。室内地平面低于室外地平面的高度超过室内净高的 1/3,且不超过 1/2 的房间。地下室与半地下室的划分,如图 8-2 所示。

(10)架空层。仅有结构支撑而无外围护结构的开敞空间层。

(11)走廊。建筑物中的水平交通空间。

(12)架空走廊。专门设置在建筑物的二层或二层以上,作为不同建筑物之间水平交通的空间。

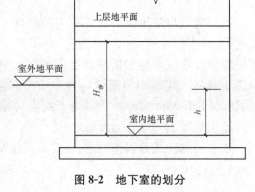

图 8-2 地下室的划分

(13)结构层。整体结构体系中承重的楼板层。

(14)落地橱窗。凸出外墙面且根基落地的橱窗。

(15)凸窗(飘窗)。凸出建筑物外墙面的窗户。落地与不落地的凸窗如图 8-3 所示。

图 8-3 落地与不落地的凸窗

(16)檐廊。建筑物挑檐下的水平交通空间。非挑廊下时,附属于建筑物底层外墙有屋檐作为顶盖,其下部一般有柱或栏杆、栏板等。

(17)挑廊。挑出建筑物外墙的水平交通空间。檐廊与挑廊的区别如图 8-4 所示。

图 8-4 檐廊与挑廊

(18)门斗(图8-5)。建筑物入口处两道门之间的空间。

图8-5 门斗

(19)雨篷建筑出入口上方为遮挡雨水而设置的部件。

(20)门廊(图8-6)。建筑物入口前有顶棚的半围合空间。

(21)楼梯。由连续行走的梯级、休息平台和维护安全的栏杆(或栏板)、扶手以及相应的支托结构组成的作为楼层之间垂直交通使用的建筑部件。

(22)阳台。附设于建筑物外墙，设有栏杆或栏板，可供人活动的室外空间。阳台有多种分类标准，如按结构形式，可分为悬挑式、嵌入式、转角式三类；按建筑立面形式，可分为凹阳台和凸阳台。

图8-6 门廊

(23)主体结构。接受、承担和传递建设工程所有上部荷载，维持上部结构整体性、稳定性和安全性的有机联系的构造。

常见的主体结构有三种框架结构(框架柱、框架梁、现浇板)、框架-剪力墙结构(框架柱、剪力墙、框架梁、现浇板)、砖混结构(砌体墙、QL、GZ)。

(24)变形缝。防止建筑物在某些因素作用下引起开裂甚至破坏而预留的构造缝。实际工程中的变形缝如图8-7所示。

(25)骑楼(图8-8)。建筑底层沿街面后退且留出公共人行空间的建筑物。

(26)过街楼。跨越道路上空并与两边建筑相连接的建筑物。

(27)建筑物通道。为穿过建筑物而设置的空间。过街楼与建筑物通道的区别如图8-9所示。

(28)露台(图8-10)。设置在屋面、首层地面或雨篷上的供人室外活动的有围护设施的平台。

图 8-7 变形缝

 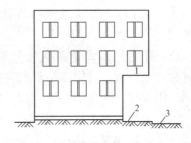

1—骑楼；2—人行道；3—街道

图 8-8 骑楼

图 8-9 过街楼与建筑物通道

图 8-10 露台

(29)勒脚。在房屋外墙接近地面部位设置的饰面保护构造。

(30)台阶。联系室内外地坪或同楼层不同标高而设置的阶梯形踏步。

建筑物各部位示意如图 8-11 所示。

图 8-11 建筑物各部位示意

3. 计算建筑面积的规定

(1)建筑物的建筑面积应按自然层外墙结构外围水平面积之和计算。结构层高在 2.20 m 及以上的，应计算全面积；结构层高在 2.20 m 以下的，应计算 1/2 面积。

(2)建筑物内设有局部楼层时，对于局部楼层的二层及以上楼层，有围护结构的应按其围护结构外围水平面积计算，无围护结构的应按其结构底板水平面积计算，且结构层高在 2.20 m 及以上的，应计算全面积，结构层高在 2.20 m 以下的，应计算 1/2 面积。建筑物内的局部楼层如图 8-12 所示。

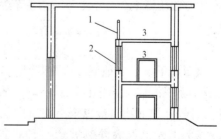

图 8-12 建筑物内的局部楼层
1—围护设施；2—围护结构；3—局部楼层

(3)对于形成建筑空间的坡屋顶，结构净高在 2.10 m 及以上的部位应计算全面积；结构净高在 1.20 m 及以上至 2.10 m 以下的部位应计算 1/2 面积；结构净高在 1.20 m 以下的部位不应计算建筑面积。坡屋顶计算范围如图 8-13 所示。

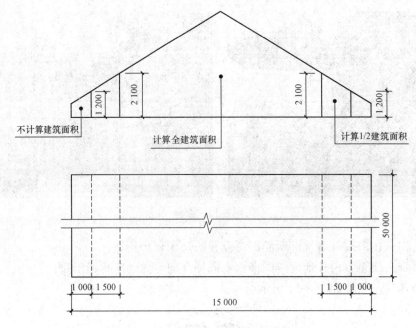

图 8-13 坡屋顶建筑面积计算

(4)对于场馆看台下的建筑空间,结构净高在 2.10 m 及以上的部位应计算全面积;结构净高在 1.20 m 及以上至 2.10 m 以下的部位应计算 1/2 面积;结构净高在 1.20 m 以下的部位不应计算建筑面积。室内单独设置的有围护设施的悬挑看台,应按看台结构底板水平投影面积计算建筑面积。有顶盖无围护结构的场馆看台应按其顶盖水平投影面积的 1/2 计算面积。体育场看台及室内悬挑看台如图 8-14 和图 8-15 所示。

图 8-14 体育馆看台

图 8-15 室内悬挑看台

(5)地下室、半地下室应按其结构外围水平面积计算。结构层高在 2.20 m 及以上的,应计算全面积;结构层高在 2.20 m 以下的,应计算 1/2 面积。地下室外墙常规做法如图 8-16 所示,计算建筑面积时应算至箭头所指位置。

(6)出入口外墙外侧坡道有顶盖的部位,应按其外墙结构外围水平面积的 1/2 计算面积。

(7)建筑物架空层及坡地建筑物吊脚架空层(图 8-18),应按其顶板水平投影计算建筑面积。结构层高在 2.20 m 及以上的,应计算全面积;结构层高在 2.20 m 以下的,应计算 1/2 面积。

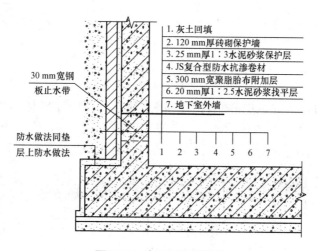

图 8-16 地下室外墙做法

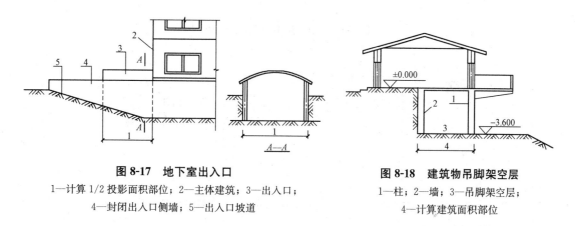

图 8-17 地下室出入口

1—计算1/2投影面积部位；2—主体建筑；3—出入口；
4—封闭出入口侧墙；5—出入口坡道

图 8-18 建筑物吊脚架空层

1—柱；2—墙；3—吊脚架空层；
4—计算建筑面积部位

(8)建筑物的门厅、大厅应按一层计算建筑面积，门厅、大厅内设置的走廊应按走廊结构底板水平投影面积计算建筑面积。结构层高在 2.20 m 及以上的，应计算全面积；结构层高在 2.20 m 以下的，应计算 1/2 面积。

例 8-1 计算图 8-19 所示的建筑物内回廊的建筑面积。

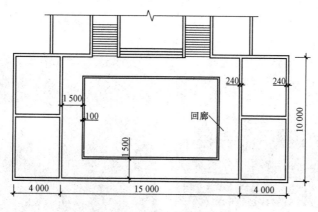

图 8-19 回廊建筑面积计算

解： 回廊的建筑面积为

①当层高不小于 2.20 m 时 $S=(15-0.24)\times(1.5+0.1)\times 2+(10-0.24-1.6\times 2)\times 1.6\times 2=68.22(\mathrm{m}^2)$

②当层高小于 2.20 m 时 $S=68.22\times 0.5=34.11(\mathrm{m}^2)$

(9)对于建筑物间的架空走廊，有顶盖和围护设施的，应按其围护结构外围水平面积计算全面积；无围护结构、有围护设施的，应按其结构底板水平投影面积计算 1/2 面积。无围护结构的架空走廊如图 8-20 所示。有围护结构的架空走廊如图 8-21 所示。

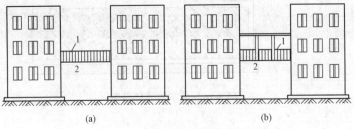

图 8-20　无围护结构的架空走廊

1—栏杆；2—架空走廊

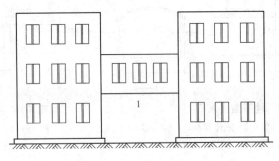

图 8-21　有围护结构的架空走廊

1—架空走廊

(10)对于立体书库、立体仓库、立体车库，有围护结构的，应按其围护结构外围水平面积计算建筑面积；无围护结构、有围护设施的，应按其结构底板水平投影面积计算建筑面积。无结构层的应按一层计算，有结构层的应按其结构层面积分别计算。结构层高在 2.20 m 及以上的，应计算全面积；结构层高在 2.20 m 以下的，应计算 1/2 面积。仓储中心的立体仓库、大型停车场的立体车库如图 8-22 所示。

图 8-22　立体车库和仓库

例 8-2 计算图 8-23 所示书架的建筑面积。

解： 该建筑的总面积为

$S=(12+0.24)\times(6+0.24)=76.38(m^2)$

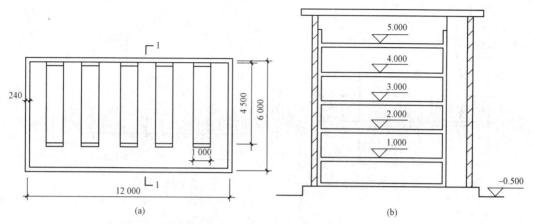

图 8-23 书架建筑面积的计算

(a)标准层货台平面；(b)1—1 剖面图

(11)有围护结构的舞台灯光控制室，应按其围护结构外围水平面积计算。结构层高在 2.20 m 及以上的，应计算全面积；结构层高在 2.20 m 以下的，应计算 1/2 面积。

(12)附属在建筑物外墙的落地橱窗，应按其围护结构外围水平面积计算。结构层高在 2.20 m 及以上的，应计算全面积；结构层高在 2.20 m 以下的，应计算 1/2 面积。落地橱窗如图 8-24 所示。

图 8-24 落地橱窗

(13)窗台与室内楼地面高差在 0.45 m 以下且结构净高在 2.10 m 及以上的凸(飘)窗，应按其围护结构外围水平面积计算 1/2 面积。飘窗计算范围如图 8-25 所示。

(14)有围护设施的室外走廊(挑廊)，应按其结构底板水平投影面积计算 1/2 面积；有围护设施(或柱)的檐廊，应按其围护设施(或柱)外围水平面积计算 1/2 面积。檐廊如图 8-26 所示。

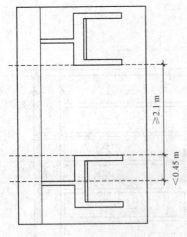

图 8-25 飘窗建筑面积计算

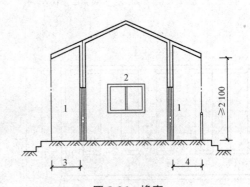

图 8-26 檐廊

1—檐廊；2—室内；3—不计算建筑面积部位；
4—计算 1/2 建筑面积部位

(15)门斗应按其围护结构外围水平面积计算建筑面积，且结构层高在 2.20 m 及以上的，应计算全面积；结构层高在 2.20 m 以下的，应计算 1/2 面积。门斗如图 8-27 所示。

(16)门廊应按其顶板的水平投影面积的 1/2 计算建筑面积；有柱雨篷应按其结构板水平投影面积的 1/2 计算建筑面积；无柱雨篷的结构外边线至外墙结构外边线的宽度在 2.10 m 及以上的，应按雨篷结构板的水平投影面积的 1/2 计算建筑面积。各种类型雨篷的计算如图 8-28 所示。

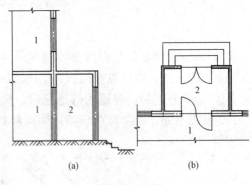

图 8-27 门斗

(a)

图 8-28 雨篷建筑面积计算
(a)有柱雨篷计算结构板水平投影面积的 1/2

图 8-28　雨篷建筑面积计算(续)

(b)无柱雨篷宽度≥2.10 m 计算结构板水平投影面积的 1/2；(c)钢结构雨篷

(17)设在建筑物顶部的、有围护结构的楼梯间、水箱间、电梯机房等，结构层高在 2.20 m 及以上的应计算全面积；结构层高在 2.20 m 以下的，应计算 1/2 面积。屋顶有围护结构的楼梯间如图 8-29 所示。

(18)围护结构不垂直于水平面的楼层，应按其底板面的外墙外围水平面积计算。结构净高在 2.10 m 及以上的部位，应计算全面积；结构净高在 1.20 m 及以上至 2.10 m 以下的部位，应计算 1/2 面积；结构净高在 1.20 m 以下的部位，不应计算建筑面积。

图 8-29　屋顶有围护结构的楼梯间

斜围护结构如图 8-30 所示。

(19)建筑物的室内楼梯、电梯井、提物井、管道井、通风排气竖井、烟道，应并入建筑物的自然层计算建筑面积。有顶盖的采光井应按一层计算面积，且结构净高在 2.10 m 及以上的，应计算全面积；结构净高在 2.10 m 以下的，应计算 1/2 面积。

建筑物的楼梯间层数按建筑物的层数计算。有顶盖的采光井包括建筑物中的采光井和地下室采光井。地下室采光井如图 8-31 所示。

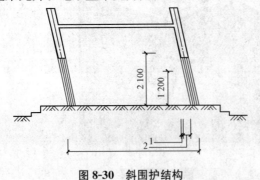

图 8-30 斜围护结构

1—计算 1/2 建筑面积部位；2—不计算建筑面积部位

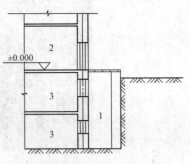

图 8-31 地下室采光井

1—采光井；2—室内；3—地下室

建筑屋内电梯井、通风排气竖井等如图 8-32 所示。

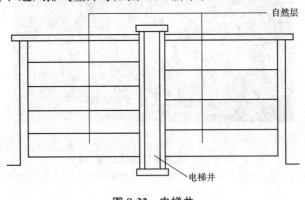

图 8-32 电梯井

(20) 室外楼梯应并入所依附建筑物自然层，并应按其水平投影面积的 1/2 计算建筑面积。

例 8-3 计算图 8-33 所示的室外楼梯建筑面积。

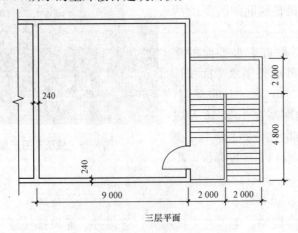

图 8-33 室外楼梯建筑面积计算

解： 室外楼梯的建筑面积为

$S=(4-0.12)\times 6.8\times 0.5\times 2=26\times 38(m^2)$

(21) 在主体结构内的阳台，应按其结构外围水平面积计算全面积；在主体结构外的阳台，应按其结构底板水平投影面积计算1/2面积。主体结构内与主体结构外阳台的区别如图8-34所示。

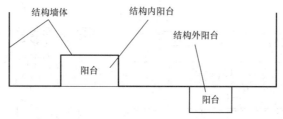

图 8-34 主体结构内和结构外阳台

(22) 有顶盖无围护结构的车棚、货棚、站台、加油站、收费站等，应按其顶盖水平投影面积的1/2计算建筑面积。站台、加油站、收费站、车棚如图8-35所示。

图 8-35 站台、加油站、收费站及车棚

例 8-4 计算图8-36所示的单排柱和双排柱建筑面积计算。

解： 单排柱台建筑面积 $S=14.6\times 7\times 0.5=51.1(m^2)$

双排柱台建筑面积 $S=19.3\times 9.3\times 0.5=89.745(m^2)$

(23) 以幕墙作为围护结构的建筑物，应按幕墙外边线计算建筑面积。

(24) 建筑物的外墙外保温层，应按其保温材料的水平截面积计算，并计入自然层建筑面积。建筑外墙外保温如图8-37所示。

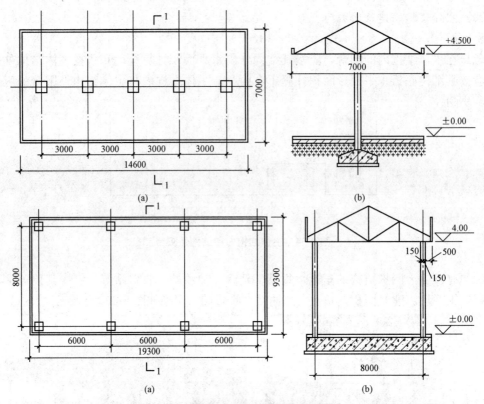

图 8-36 单排柱、双排柱建筑面积计算

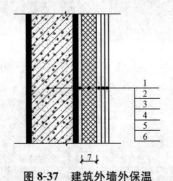

图 8-37 建筑外墙外保温
1—墙体；2—粘结胶浆；3—保温材料；4—标准网；5—加强网；
6—抹面胶浆；7—计算建筑面积部位

(25)与室内相通的变形缝，应按其自然层合并在建筑物建筑面积内计算。对于高低联跨的建筑物，当高低跨内部连通时，其变形缝应计算在低跨面积内。

注释：高低连跨的建筑物变形缝计算在低跨面积内，如图 8-38 所示。

(26)对于建筑物内的设备层、管道层、避难层等有结构层的楼层，结构层高在 2.20 m 及以上的，应计算全面积；结构层高在 2.20 m 以下的，应计算 1/2 面积。

4. 不应计算建筑面积的规定

(1)与建筑物内不相连通的建筑部件：指的是依附于建筑物外墙外不与户室开门连通，起装饰作用的敞开式挑台(廊)、平台，以及不与阳台相通的空调室外机搁板(箱)等设备平台部件。

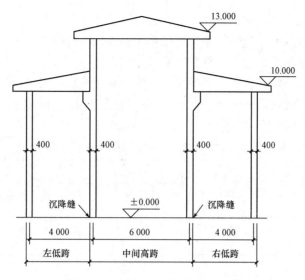

图 8-38　高低连跨建筑物的变形缝

与室内连通和不连通时的情况如图 8-39 所示。

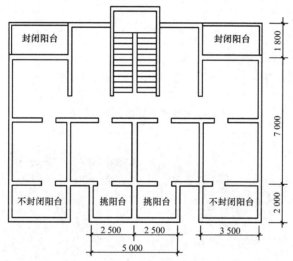

图 8-39　与室内连通和不连通的阳台

（2）骑楼、过街楼底层的开放公共空间和建筑物通道；骑楼如图 8-40 所示，过街楼如图 8-41 所示。

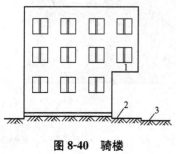

图 8-40　骑楼

1—骑楼；2—人行道；3—街道

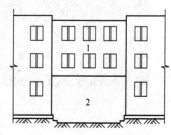

图 8-41　过街楼

1—过街楼；2—建筑物通道

(3)舞台及后台悬挂幕布和布景的天桥、挑台等。

(4)露台、露天游泳池、花架、屋顶的水箱及装饰性结构构件。

(5)建筑物内的操作平台、上料平台、安装箱和罐体的平台。

(6)勒脚、附墙柱、垛、台阶、墙面抹灰、装饰面、镶贴块料面层、装饰性幕墙,主体结构外的空调室外机搁板(箱)、构件、配件,挑出宽度在 2.10 m 以下的无柱雨篷和顶盖高度达到或超过两个楼层的无柱雨篷。

墙体分类及其计算范围如图 8-42 所示。墙垛如图 8-43 所示。

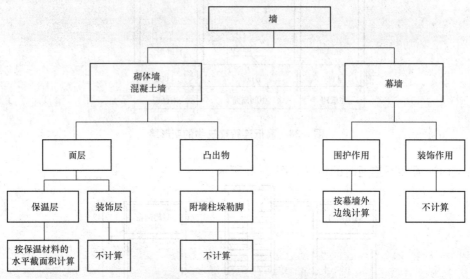

图 8-42 墙体建筑面积计算汇总

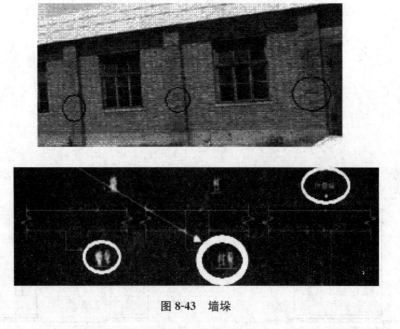

图 8-43 墙垛

(7)窗台与室内地面高差在 0.45 m 以下且结构净高在 2.10 m 以下的凸(飘)窗,窗台与室内地面高差在 0.45 m 及以上的凸(飘)窗。

(8)室外爬梯、室外专用消防钢楼梯;室外爬梯、室外专用消防钢楼梯如图8-44所示。

图8-44 室外爬梯和室外专用消防钢楼梯
(a)钢爬楼;(b)室外消防楼梯

(9)无围护结构的观光电梯;有围护和无围护结构的观光电梯如图8-45所示。

图8-45 观光电梯
(a)有围护结构的观光电梯;(b)无围护结构的观光电梯

(10)建筑物以外的地下人防通道,独立的烟囱、烟道、地沟、油(水)罐、气柜、水塔、贮油(水)池、贮仓、栈桥等构筑物。

第二节 建筑面积计算案例

例8-5 某厂房平面图及剖面图如图8-46、图8-47所示,计算其建筑面积。

解: $S=$ 底层建筑面积 $+$ 局部楼层建筑面积
$= (20.000+0.24) \times (10.000+0.24) + (5.000+0.24) \times (10.000+0.24)$
$= 207.26+53.66 = 260.92 (m^2)$

例8-6 某建筑物一层平面图及二、三层平面图如图8-48和图8-49所示,三层的层高均为3.3m。计算其建筑面积。

解: $S=$ 底层建筑面积 $+$ 以上各层建筑面积之和

底层建筑面积 $= (6.90+0.24) \times (4.50+4.50) + (11.50+0.24) \times (6.6+0.24) - 1.50 \times$

$(2.4+2.1)\times1/2=141.18(m^2)$

二、三层建筑面积$=(6.90+0.24)\times(4.50+4.50)+(11.50+0.24)\times(6.6+0.24)=144.56(m^2)$

建筑物的建筑面积 $S=141.18+144.56\times2=430.3(m^2)$

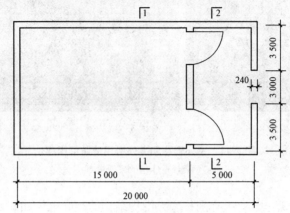

图 8-46　厂房平面图

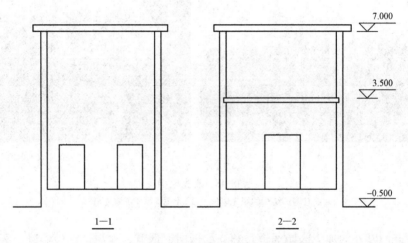

图 8-47　单层建筑内设部分楼层剖面示意图

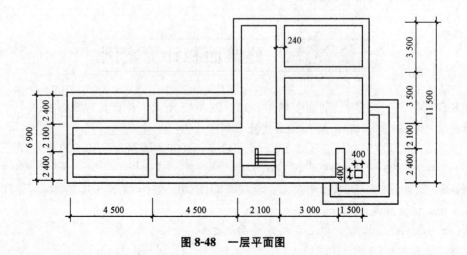

图 8-48　一层平面图

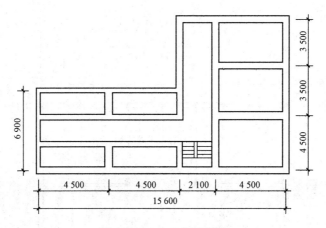

图 8-49 二、三层平面图

例 8-7 某五层建筑物如图 8-50 所示，各层的建筑面积一样，底层外墙尺寸入图，墙厚均为 240 mm，试计算建筑面积（图中尺寸均为轴线间尺寸）。

解：（1）②④轴线间矩形面积 $S_1=13.8×12.24=168.912(m^2)$

其中，应扣除的面积：$S_3=3.6×(3.3-0.12)=11.448(m^2)$

（2）②轴线外两段半墙：$S_2=3.0×0.12×2=0.72(m^2)$

（3）三角形面积：$S_4=0.5×(3.90+0.12)×0.5×(4.50+0.12)=4.643(m^2)$

（4）②轴线外半圆面积：$S_5=3.14×(3.00+0.12)^2×0.5=15.283(m^2)$

（5）扇形面积：$S_6=3.14×4.62^2×150/360=27.926(m^2)$

总建筑面积 $S=(S_1-S_3+S_2+S_4+S_5+S_6)×5=1\,030.18(m^2)$

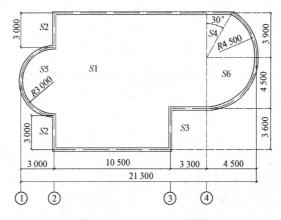

图 8-50 一～五层平面图

例 8-8 某工程底层平面和二层平面尺寸如图 8-51 和图 8-52 所示，除特别注明者外，所有墙体厚度均为 240 mm。试计算其建筑面积。

解： 底层建筑面积：

$S_1=(8.5+0.12×2)×(11.4+0.12×2)-7.2×0.9=92.25(m^2)$

二层建筑面积：$S_2=S_1+7.2×1.5/2=100.65(m^2)$

建筑总面积：$S=S_1+S_2=195.09(m^2)$

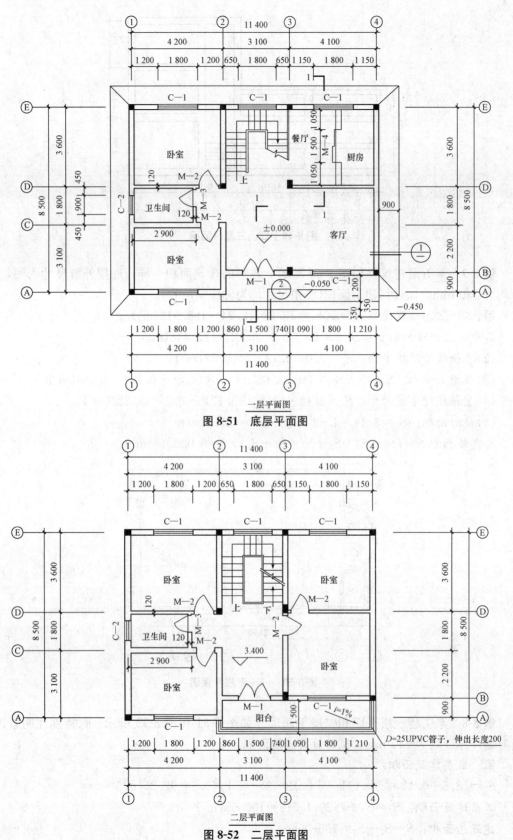

图 8-51 底层平面图

图 8-52 二层平面图

复习思考题

1. 什么是建筑面积？计算建筑面积有什么作用？
2. 建筑面积、使用面积、辅助面积、结构面积、有效面积、套内使用面积的关系是什么？
3. 走廊、挑廊、檐廊、回廊、架空走廊有何区别？
4. 单层建筑物的建筑面积怎么计算？
5. 多层建筑建筑物的面积怎么计算？
6. 阳台、雨篷、变形缝的面积各怎么计算？
7. 楼梯的建筑面积怎么计算？
8. 电梯井、管道井怎么计算建筑面积？
9. 不计算建筑面积的范围有哪些？

参考文献

[1] 中华人民共和国住房和城乡建设部,中华人民共和国国家质量监督检验检疫总局. GB 50854—2013 房屋建筑与装饰工程工程量计算规范[S]. 北京:中国计划出版社,2013.

[2] 中华人民共和国住房和城乡建设部,中华人民共和国国家质量监督检验检疫总局. GB 50500—2013 建设工程工程量清单计价规范[S]. 北京:中国计划出版社,2013.

[3] 规范编制组. 2013 建设工程计价计量规范辅导[M]. 北京:中国计划出版社,2013.

[4] 山东省住房和城乡建设厅,SD01—31—2016 山东省建筑工程消耗量定额[S]. 北京:中国计划出版社,2016.

[5] 《山东省建筑工程价目表》(2017年3月). 主编部门:山东省工程建设标准定额站.

[6] 《山东省建设工程费用项目组成及计算规则》(2016年11月). 主编部门:山东省住房和城乡建设厅.

[7] 《山东省建筑工程消耗量定额》交底培训资料(2017年1月). 主编部门:山东省工程建设标准定额站.

[8] 山东省住房和城乡建设厅标准定额站 http://www.sdjs.gov.cn/col/col904/index.html.

[9] 张键,荀建锋. 新编建筑工程计量与计价[M]. 北京:中国电力出版社,2010.

[10] 丁春静. 建筑工程计量与计价[M]. 3版. 北京:机械工业出版社,2014.

[11] 纪传印,郭起剑. 建筑工程计量与计价[M]. 2版. 重庆:重庆大学出版社,2011.